AF314547

TRAITÉ ÉLÉMENTAIRE,

SUR

LES PLANTES LES PLUS PROPRES

A FORMER LES PRAIRIES ARTIFICIELLES.

ART. III.

Le Citoyen SAINT-AMANS, Cultivateur botaniste, ci-devant Président du Département, sera chargé de la rédaction d'un Traité Élémentaire sur les plantes les plus propres à former les prairies artificielles.

TRAITÉ ÉLÉMENTAIRE,

SUR

LES PLANTES LES PLUS PROPRES

A FORMER LES PRAIRIES ARTIFICIELLES.

PAR LE CITOYEN SAINT-AMANS,

Et publié par l'Administration du Département de Lot et Garonne.

Sic quoque mutatis resquiescunt fœtibus arva.
VIRG. Géor. L. 1. v. 82.

La terre ainsi repose en changeant de moissons.

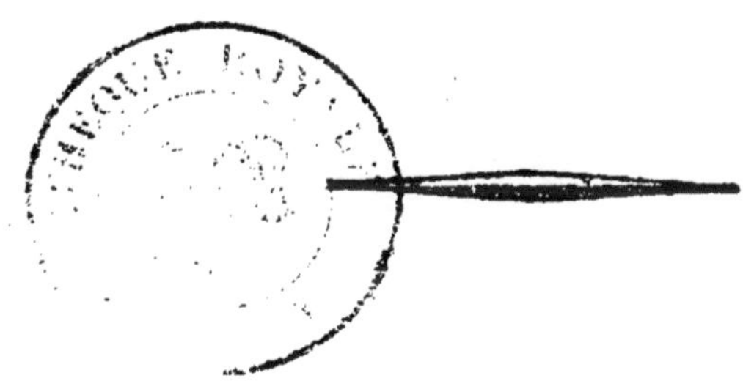

A AGEN,

De l'Imprimerie de la V.e NOUBEL et FILS, aîné, Imprimeur-Libraire, N.os 2 et 3.

AN III.

AVERTISSEMENT.

Les plantes mentionnées dans ce Traité, sont en général trop connues des Agriculteurs, pour avoir besoin d'être décrites. Quant au petit nombre de celles qui sont moins communes, leur description, pour être courte et précise, auroit nécessité l'emploi des termes consacrés en botanique ; mais, si peu de Lecteurs sont encore familiarisés avec la langue de cette science, que j'ai cru pouvoir me borner à la citation de deux ouvrages majeurs, assez universellement répandus (1). Les Lecteurs les plus exercés pourroient consulter ces ouvrages, y puiser la connoissance caractéristique des plantes qu'ils auront pour

(1) Le *Species plantarum*, de Linné, troisième édition ; et la *Flore Française*, de La Marck.

objet, et la transmettre à ceux de leurs compatriotes qui ne seroient point à portée de se procurer les mêmes lumières. Je n'entre pareillement dans aucun détail relatif à la quantité de semence qu'il convient de répandre sur telle ou telle étendue de terrain. Les formules qu'on a prescrites, les indications qu'on a données à ce sujet, me paroissent toutes plus ou moins fautives ou superflues: la nature des terres, le climat, la saison, la disposition même de l'atmosphère, doivent trop influer sur cette opération de l'agriculture, pour qu'on puisse, jusqu'à un certain point, l'assujettir au calcul. Je me contente donc de faire quelques observations générales sur la hauteur que telle ou telle plante doit acquérir, sur l'obligation où l'on est de semer plus ou moins clair, et m'en rapporte à l'intelligence, à l'intérêt du cultivateur : l'expérience l'instruira toujours mieux, à cet égard, que les préceptes. Enfin, je n'ai point ajouté à la dénomination française des plantes, les noms que quelques - unes d'entr'elles portent dans l'idiome vulgaire ; ces noms varient souvent dans le même District, dans le même territoire , et par conséquent ne semblent pas devoir être , dans cet ouvrage, d'une grande utilité.

TABLE

Des abréviations des noms de nouvelles mesures, et de nouveaux poids, décrétés par la Convention Nationale.

Mesures linéaires.

Millaire.	ml.
Mètre	mt.
Décimètre	d.mt.
Centimètre.	c.mt.
Millimètre.	m.mt.

Mesures de superficie.

Mètre quarré.	mt.q.
Are	ar.
Déciare.	d.ar.
Centiare	c.ar.

Mesures de solidité.

Mètre cubique	mt.c.
Cade.	cd.
Décicade	d.cd.
Centicade	c.cd.
Cadil.	cl.

Poids.

Bar *ou* millier	br. *ou* mlr.
Décibar.	d.br.
Centibar	c.br.
Grave	gv.
Décigrave	d.gv.
Centigrave.	c.gv.
Gravet	gvt.
Décigravet	d.gvt.
Centigravet.	c.gvt.
Milligravet.	m.gvt.

INTRODUCTION.

Nota. J'aurois pu pousser plus loin cette analyse, et la conduire partout à son dernier terme, en employant, pour les divisions et subdivisions, la nature des terres, l'exposition qui convient à chaque Plante, et ses diverses propriétés ; mais les bornes de l'ouvrage permettant de se procurer facilement tous ces détails, j'ai cru ne pas devoir les rappeler dans une table qu'ils auroient presque inutilement surchargée. Telle qu'elle est, cette analyse a l'avantage de présenter l'ensemble de mon travail, et de simplifier la recherche des élémens qui le composent.

INTRODUCTION.

Le laboureur et le propriétaire cultivateur, sont intéressés dans la fortune publique ; ils sont liés à la prospérité de l'état, ils sont citoyens ; et leur premier devoir est de retirer du sol de la Liberté, tout ce qu'il peut produire. L'industrie et l'activité des agriculteurs, doivent donc se reveiller aujourd'hui, sous le double rapport de l'intérêt privé et de l'intérêt de la république. Mais comment nous acquitter à ce dernier égard, dans le département de Lot et Garonne, si nous ne nous hâtons d'abandonner nos aveugles méthodes, nos antiques préjugés sur tout ce qui tient à l'agriculture des terres, sur tout ce qui est relatif aux détails de l'économie rustique ? Comment nous flatter, par exemple, que d'heureuses moissons viendront couronner nos travaux, si nous ne proscrivons le système actuel des jachères, si nous ne bannissons ce misérable système, qui, livrant la même terre, tous les deux ans, sans engrais, aux mêmes productions, doit nécessairement

A

tendre à diminuer ses rapports, et anéantir insensiblement ses ressources ? Eh quoi, les mêmes plantes, trop long-temps cultivées dans le même terrain, ne peuvent que l'épuiser ; c'est une vérité reconnue, ou tacitement avouée, par tous les agriculteurs ; et cependant le plus grand nombre des agriculteurs néglige, à ses dépens, l'application de cette vérité triviale ! Si, d'après la connoissance de leurs terres, ils croyent ne pouvoir en attendre une récolte annuelle, s'ils manquent d'engrais pour renou veler les principes productifs de ces terres, qu'ils les laissent reposer sans doute ; mais qu'ils ne regardent pas le repos alternatif d'une année, comme suffisant pour rendre au sol sa fertilité première ; qu'ils cherchent plutôt, au moyen des prairies artificielles, à se procurer des engrais ; qu'ils intercallent la culture des plantes à racines pivotantes avec celle des plantes à racines traçantes ; enfin, que ce ne soit qu'après un retour périodique, déterminé par l'observation et par l'expérience, qu'ils confient aux-mêmes terres les mêmes sortes de grains : c'est en suivant ces principes, qu'une grande partie de l'Europe recueille actuellement des moissons aussi riches que variées; c'est par la négligence barbare des mêmes principes, que nous retirons à peine des meilleurs fonds, notre subsitance et celle de nos bestiaux.

CULTIVATEURS DU DÉPARTEMENT DE LOT ET GARONNE, portez sur cet objet important toute votre attention ; banissez les jachères dans l'étendue de vos propriétés, autant que les circonstances pourront vous le permettre. Ce système, tel qu'il est établi dans nos campagnes, est si ruineux, si destructeur de la fécondité des terres, que nous ne devons pas balancer à lui attribuer cette diminution progressive des récoltes, dont on se plaint dans certains cantons du département, où l'on croit assez généralement qu'elles étoient jadis plus abondantes. Proscrivons donc, je ne cesserai de le répéter, cette routine héréditaire, et tous ces procédés contre lesquels réclament, à la fois, la théorie et l'expérience. Eclairons-nous enfin sur nos véritables intérêts, sur ceux de la patrie ; ne suivons plus, comme le disoit, avec la naïveté de son siècle, notre ingénieux compatriote PALISSY (1), *le trôt accoustumé de nos*

---

(1) *Bernard Palissy*, natif des environs d'Agen, ou du ci-devant Agenois, fut à l'histoire naturelle et à l'agriculture, ce

prédécesseurs. Si ce grand homme *s'esmer-veilloit que la terre ne crîdt vengeance en se voyant journellement violée*, offrons désormais à son ombre le spectacle consolateur d'une agriculture mieux entendue, et dirigée selon les préceptes dont il réclamoit dès-lors l'exécution. Un autre de nos compatriotes qui, par sa philosophie et ses vertus, sembloit aussi avoir anticipé sur les temps républicains, *François* VIVENS (1), s'adressant à *Duhamel*, lui demandoit quelle étoit la meilleure culture à donner aux terres. *Duhamel* lui répondit: *c'est celle qui se rapproche le plus de la culture d'un jardin*. Qui ne voit dans la réponse de cet agronome célèbre, le conseil précis de former des clôtures, de bannir les jachères, celui de multiplier les engrais, et le travail des terres, afin qu'elles nous offrent le plus possible une continuité de productions? Qui ne voit, par conséquent, dans cette réponse, la recommandation d'augmenter la quantité des prairies pour maintenir le rapport qui doit exister entre le nombre des bestiaux, et

---

que *Montagne*, son contemporain, fut à la morale et à la philosophie. Voyez le calendrier du département de Lot et Garonne, année 1792, page 74.

(1) Habitant de Clairac: voyez le même calendrier, page 83.

l'étendue des terres, qu'ils nous aident à fertiliser? Ce rapport bien connu, bien établi, est un des principaux secrets de l'agriculture.

Il faut donc des prairies, et des prairies artificielles, parce que le terrain propre aux prairies naturelles ne sauroit se trouver toujours dans une assez juste proportion avec la totalité des bestiaux nécessaires aux besoins de l'économie rurale : d'ailleurs, les prairies artificielles offrent, elles-mêmes, un moyen subsidiaire de fécondité, trop précieux, trop facile, pour qu'un agriculteur intelligent doive le négliger. Les racines pivotantes des végétaux, dont elles sont ordinairement composées, s'enfonçant dans les couches inférieures du terrain, laissent aux racines traçantes des plantes céréales, la couche supérieure intacte, et pour ainsi dire régénérée. Ainsi, leurs productions nous préparent toujours des productions nouvelles; et si la succession n'en étoit jamais interrompue, elles seroient les gages réciproques d'éternelles moissons. Ces notions ne sont point de pure théorie; la pratique journalière la plus constante prouve à la plus tenace incrédulité, que la sixième partie environ d'une propriété rurale, étant successivement employée en prairies artificielles, les au-

tres cinq parties doivent rapporter des récoltes infiniment plus lucratives, que la totalité n'en produiroit selon la méthode actuelle.
Si l'on ajoute à cet accroissement de revenu,
évalué, année commune, pour le moins au tiers
en sus, celui qui résulte encore de la vente annuelle des bestiaux, pourra-t-on ne pas s'éton-
ner que nos cultivateurs négligent à ce point
leurs propres intérêts ? Pourra-t-on ne pas leur
reprocher d'oublier ceux de l'état, dont la
richesse et la prospérité ne sont, en dernier
ressort, que l'aisance et le bonheur de tous ses
membres ?

L'administration du département, pénétrée
de ces principes, et regardant l'obligation de
les répandre comme son premier devoir, in-
vite non-seulement les agriculteurs à former
des prairies artificielles; mais cette administration éclairée, reconnoît et proclame l'indispensable nécessité d'établir au plutôt, dans
toutes les parties du département, le système
de culture qui peut seul augmenter les ressources de ses habitans, et la masse des plus
solides richesses de la république. Sa voix
sera sans doute entendue par tous les propriétaires, par tous les laboureurs; ils s'empres-
seront également d'adopter ses vues, et sans

doute rivaliseront bientôt dans l'étude et dans l'application des procédés qui doivent désormais diriger leurs travaux. Cependant, comme en agriculture il n'est rien d'absolu, que dans cette science tout est relatif à la nature du sol, au climat, en un mot aux circonstances locales, je pense qu'il seroit avantageux, même nécessaire, pour hâter les progrès de la nouvelle culture, de former dans chaque district, un comice agricole, composé des propriétaires cultivateurs théoriciens et praticiens, les plus recommandables par leur lumières : cette assemblée se fixeroit sur les changemens qu'il conviendroit d'apporter à la culture de tel ou tel canton, sur les productions qui lui paroîtroient les plus appropriées, sur le *cours des moissons* qu'il seroit à propos d'y établir. Chaque membre prendroit l'engagement d'exécuter les délibérations qui auroient été prises sur ces différens objets ; il les recommanderoit à ses voisins. Son exemple et ses succès suffiroient ensuite.

Mais quels que soient les moyens qui seront employés pour opérer dans notre agriculture la révolution qu'elle doit indispensablement subir, nous devons avoir la plus grande confiance en leur efficacité. Les sollicitudes que l'administration a déjà témoignées par son arrêté du 8 vendémiaire, nous garantissent qu'elle ne négligera rien pour donner à cet égard les plus grandes preuves de son zèle. Chargé par elle aujourd'hui de remplir auprès de mes compatriotes, un préalable nécessaire, et de leur désigner, ou de leur rappeler, les plantes les plus propres à la formation des prairies artificielles, je vais m'acquitter de ce devoir avec toute l'exactitude dont je suis capable. Si le cultivateur instruit n'apperçoit dans mon travail aucune recherche, aucune observation nouvelle, s'il n'y voit qu'une foible partie de ce qu'il sait déjà, j'y rassemblerai du moins sous les yeux de celui qui cherche à s'instruire, des connoissances pratiques qui lui seront aussi utiles, qu'il aura pu trouver simple et facile de les acquérir.

Oɴ nomme *prairies artificielles* un espace de terrain cultivé en plantes vivaces, propres à la nourriture des bestiaux. Ces prairies sont essentiellement amovibles, c'est-à-dire, qu'elles doivent être transportées successivement sur toute l'étendue d'une propriété rurale, parce qu'elles renouvèlent la fertilité du sol où elles sont établies, et le disposent à produire de plus abondantes moissons.

Il ne paroît pas exact d'étendre la dénomination de prairies artificielles aux champs cultivés en plantes annuelles, sous le nom de *fourrages*. Cette culture que les métayers rendent trop souvent permanente dans les meilleurs terrains, et qui consomme ordinairement tous les engrais, doit être, en général, bannie de nos campagnes; cependant comme ces fourrages verts sont quelquefois nécessaires, la notice des plantes qui peuvent servir à les former terminera cette instruction.

§. Ier

PLANTES propres à former des prairies artificielles, ou qui peuvent être cultivées pour la nourriture des bestiaux, et dont le produit se recueille pendant le printemps, l'été et l'automne.

Légumineuses, vivaces, tige herbacée.

LA LUZERNE.

MEDICAGO SATIVA. Lin. sp. pl. 1096.

LA LUZERNE CULTIVÉE. *Lam. fl. fr.* 590.

LE rapport quelquefois prodigieux de la Luzerne, l'ancienneté, l'étendue de sa culture, les éloges que lui donnent le plus grand nombre des agriculteurs, réclament en sa faveur la priorité sur toutes les plantes qui servent à la formation des prairies artificielles (1).

______

(1) *Miller* dit expressément 'qu'en Amérique 'et en Espagne on coupe la Luzerne une fois par semaine. Au premier coup d'œil ce fait peut paroître exagéré, et l'est sans doute ; cependant j'observerai que *Miller* est un des auteurs le plus dignes de foi qui ayent écrit sur l'agriculture. On sait d'ailleurs que le concours

Culture. La Luzerne se plaît dans les terrains légers et substantieux, ni trop secs, ni trop humides, mais qui ont beaucoup de fond. Les sables gras des larges vallées du Lot et de la Garonne, et sur tout le dépôt limoneux de ces rivières, semblent principalement lui convenir. Elle languit dans les sables arides, dans les graviers, dans les terres froides, argileuses, purement marneuses ou tufacées. Cette plante originaire des pays chauds (1), n'exige pas, sans doute, dans notre département, qu'on cherche à lui procurer l'exposition du midi ; cependant il est à propos de ne pas la placer trop au nord, et trop à l'abri du soleil : ses produits seroient alors moins considérables.

On peut semer la Luzerne en vendémiaire, et jusqu'à la fin de brumaire ; et depuis la mi-nivôse jusqu'en floréal. Si l'on profite de la première époque, on gagnera une année ; mais il faut semer plus épais qu'au printemps. En général, il convient de ne point répandre

---

des circonstances favorables à l'accroissement des plantes, opère quelquefois, sous un climat énergique, des effets qui semblent incroyables. J'ai vu en Amérique, et même dans les Pyrénées, des prairies qui, fauchées la veille, donnoient le lendemain des marques très-sensibles de végétation.

(2) De la Médie, selon certains auteurs.

les semences avec économie, parce que toutes
ne lèvent pas, et que les individus les plus
vigoureux étouffent les plus foibles, s'ils gê-
nent leur végétation.

La graine de Luzerne doit être d'une couleur brune et luisante : si elle n'a pas beaucoup de poids, en raison de son volume, il
faut la rejeter.

Quoiqu'il soit difficile d'évaluer la quantité
de graine qu'exige une étendue de terrain déterminée, un auteur moderne très-accrédité (1),
pense que sur $\underset{1^{\text{d.ar.}}\ 5^{\text{c.ar.}}\ 18^{\text{mt.q.}}\ \frac{40}{100}}{\overset{\text{400 tolses quarrées}}{}}$ on doit semer un peu plus du seizième d'un $\underset{48^{\text{gr.}}\ 915^{\text{grt.}}}{\overset{\text{quintal}}{}}$
et au plus un douzième. C'est-à-dire, depuis
$\underset{3^{\text{gr.}}\ 6^{\text{c.gr.}}}{6^{\text{liv.}}\ \frac{1}{4}}$ jusqu'à $\underset{4^{\text{gr.}}\ 7^{\text{c.gr.}}}{8^{\text{liv.}}\ \frac{1}{3}}$ environ. Au surplus, la petitesse de la graine de Luzerne,
indique au cultivateur qu'il ne doit rien épar-
gner pour donner à la terre le degré de di-
vision nécessaire à la facile germination de
cette graine ; et la racine pivotante ou perpendiculaire qu'elle produit, l'avertit pareil-

---

(1) *Rozier*, Cours complet d'agriculture.

lement que le sol doit être travaillé à la plus grande profondeur qu'il soit possible d'atteindre. Ces précautions sont de rigueur. Enfin, on recommande que la semence ne soit point enfouie trop profondément, et que la surface du terrain soit bien ameublée.

La Luzerne est quelquefois assaillie par une petite chenille noire qui la dévore ; elle doit alors être coupée promptement. La larve ou le ver du *Hanneton-rhynoceros*, attaque aussi ses racines, qu'il ronge avec une grande voracité. Nul remède efficace n'a été encore proposé pour se délivrer de ce dernier fléau. Le plus court est de labourer la luzernière, et de la reconstruire ailleurs. Il en sera de même, si elle est dominée par le chiendent, ou si elle est suffoquée par la *Cuscute* qui s'attache à ses feuilles (1).

On a proposé, pour rajeunir une luzernière, d'y faire parquer les moutons pendant l'hiver. On a aussi recommandé de répandre du gyps,

---

(1) *Cuscuta europea* : ses tiges sont filiformes et n'ont point de feuilles ; ses semences germent d'abord dans la terre ; bientôt ses tiges roussâtres et déliées comme des cheveux, s'accrochent aux plantes voisines : alors les racines se dessèchent, et la Cuscute subsiste et fructifie aux dépens de ces plantes qui lui prêtent leur appui. La Cuscute est une herbe véritablement parasite.

ou de la pierre à plâtre sur les Luzernes qui commencent à dépérir. Mais ces moyens ne peuvent être pratiqués dans le département de Lot et Garonne, où l'usage de parquer les moutons n'est point établi, et où la pierre à plâtre et la chaux éteinte à l'air, qui pourroit lui être substituée, sont des engrais trop rares ou trop chers. Ainsi je persiste à dire que lorsque la Luzerne dépérit ou dégénère, il faut se hâter de la renouveler.

Quelques auteurs ont pensé qu'il seroit profitable de transplanter la Luzerne ; mais, tout bien considéré, il me semble assez inutile de prendre ce soin. *Duhamel* croit qu'on devroit la provigner, pour regarnir les places vides qui se forment dans les luzernières. Je ne hazarderai point mon avis à cet égard. Les cultivateurs intelligens et laborieux, qui s'adonneront à la culture des prairies artificielles, pourront fixer leurs compatriotes sur le succès qu'ils doivent attendre de cette méthode, avantageuse peut-être, mais que je n'ai jamais vu pratiquer.

Récolte. Nous l'avons déjà remarqué, on a peine à croire ce que quelques auteurs racontent du produit de la Luzerne dans certaines contrées. Mais, sans adopter de confiance tout ce qui paroît merveilleux à cet égard, ilest généralement vrai qu'aucune terre ne rapporte autant que celle qui est cultivée en Luzerne. On coupe cette plante trois, quatre, et même jusqu'à cinq fois l'année, dans les très-bons fonds, et lorsque les saisons lui ont été favorables. On attend, à cet effet, que la Luzerne soit en fleur, ou mieux encore, à la veille de fleurir (1). Elle seroit trop aqueuse avant cette époque, et trop dure si on la laissoit passer. Il faut attendre un vent de nord, un jour serein, et se hâter de la faucher. Mouillée par la pluie, elle perd infiniment de sa valeur. Frappée par un soleil trop ardent, il est dangereux de la transporter, parce que la plupart des feuilles se détachent alors des tiges, qu'elles restent sur le terrain, et qu'on perd la partie de ce fourrage qu'il importe le plus de conserver. Il faudra donc, autant que les circonstances pourront le permettre, ne couper la Luzerne que par un temps bien assuré, ne point la

____

(1) Lorsque les boutons sont à même de s'ouvrir, c'est le vrai moment pour faucher les plantes, si l'on veut profiter de toutes leurs vertus. Leur épuisement commence à l'épanouissement de la fleur.

remuer dans le milieu de la journée, et sur-
tout pendant les fortes chaleurs.

On observe que la première coupe est la
moins bonne, parce qu'elle réunit, dit-on,
beaucoup d'autres plantes que le printemps
a fait végéter avec la Luzerne ; mais cette
assertion n'est vraie, ce me semble, qu'autant
que les plantes étrangères à la Luzerne lui
sont très-inférieures en qualité. La seconde et
la troisième coupe sont les meilleures, sans
difficulté. La plante s'affoiblit ensuite, et ne
reprend sa vigueur qu'à la nouvelle sève. Faucher très-ras les prairies artificielles, est une
précaution qu'il ne faut pas négliger.

La Luzerne dure jusqu'à vingt ans dans un
bon terrain, et qui a beaucoup de fond. Dans
un terrain médiocre, elle est en retour au
bout de dix ans ; enfin, il est des fonds où
elle dépérit beaucoup plutôt. A moins qu'on
ne veuille rétablir un champ épuisé par une
culture trop long-temps continuée en plantes
céréales, on ne doit donc semer la Luzerne
que sur des terres qui lui conviennent parfaitement.

Entre *Estafort* et *Lamothe - Landeron*,
Arthur Young n'a pas vu un champ de Luzerne. Par cette seule observation, il caracté-
rise

rise le déplorable état de notre agriculture.

Usages. Il n'est point de fourrage plus substantiel, plus nourrissant, que celui de la Luzerne. Ce seroit le fourrage par excellence, si son emploi ne nécessitoit pas une surveillance continuelle, et si l'oubli de cette surveillance ne pouvoit avoir les suites les plus funestes. Cette plante nourrit beaucoup les bestiaux ; elle augmente considérablement le lait des vaches, mais elle échauffe prodigieusement ces animaux, et développe sur tout une grande quantité d'air dans leurs différens estomacs, leur occasionne des pissemens de sang, des tympanites douloureuses, des météorisations mortelles, si l'on n'y apporte des remèdes aussi prompts qu'efficaces (1). Ces accidens proviennent ou d'une

---

(1) Les chevaux sont plus sujets que les bœufs aux maladies causées par l'excès ou par la mauvaise qualité de la Luzerne. Ces maladies sont la météorisation des viscères et l'échauffement. Dans l'échauffement, on retranche une partie de la nourriture ; on fait usage de l'eau blanchie, légèrement nitrée, de lavemens acidulés. On fait manger à discrétion des pampres de vigne, et pâturer, pendant quelques jours, l'herbe tendre des graminées. Dans le gonflement ou la météorisation des viscères, il faut dégager les animaux de leurs excrémens, à la manière des Maréchaux, et les obliger à faire de l'exercice. On a quelquefois recours aux incisions longitudinales sur le dos, aux immersions dans l'eau froide, aux douches ; mais on recommande sur tout de faire avaler à l'animal

surabondance de fourrage, ou bien de ce qu'il a été donné, chargé d'eau ou de rosée, ou enfin avant le dégagement total de l'air qu'il contenoit. On prévient ses mauvais effets en mêlant, par parties égales, la Luzerne avec de la paille. Donnée en vert, elle purge d'abord les bestiaux, les nourrit ensuite et les fortifie ; mais les dangers auxquels elle les expose, devroient peut-être engager à n'employer ce fourrage, qu'après sa parfaite dessication. Cette considération me semble trop importante, pour être totalement négligée des agriculteurs. Je la recommande à leur attention. Au surplus, la Luzerne n'est pas exclusivement sujette à produire ces funestes accidens, ils sont également causés, à un moindre degré cependant, par toutes sortes de végétaux dans les mêmes circonstances.

Lorsqu'elle a été renfermée trop humide, et qu'elle a fermenté, elle ne doit plus être employée à la nourriture des bestiaux ; elle ne peut servir que pour litière.

Enfin, la Luzerne, ainsi qu'on l'a dit, cul-

---

malade, aussi promptement qu'on le peut, un verre d'eau-de-vie, dans lequel on aura fait dissoudre une once de nitre. Si ce médicament n'agit pas assez promptement, il n'y a point à balancer, la ponction de l'estomac est indispensable.

tivée sur un terrain épuisé, rétablit sa fécondité, au point qu'il produit ensuite, pendant
long-temps et sans interruption, d'abondantes
récoltes.

Comme on confond assez généralement la
Luzerne avec le Sainfoin, dans le département
de Lot et Garonne, et qu'il est essentiel de
s'entendre en agriculture, pour éviter la confusion ; je crois devoir terminer cette notice,
en assignant les caractères qui peuvent distinguer ces deux plantes aux yeux des obser-
vateurs les moins exercés et les moins attentifs.

La Luzerne a ses feuilles composées de trois
folioles dentées à leur sommet. *Le Sainfoin* a
les siennes formées de huit à neuf paires de
folioles chargées d'une petite pointe terminale.

Les fleurs de la *Luzerne* sont disposées en
grappes dans l'aisselle des feuilles.

Les fleurs du *Sainfoin* naissent aussi dans
l'aisselle des feuilles ; mais elles sont supportées
par de longs péduncules, et sont rayées de
rouge purpurin.

Enfin, le fruit de la *Luzerne* est contourné
en spirale, imitant la coquille du limaçon, et
renfermant plusieurs semences.

Le fruit du *Sainfoin* est une petite gousse
arrondie, dont la surface est surchargée d'as-

pérités. Elle ne contient qu'une seule semence.

Ces deux plantes sont représentées dans *le Spectacle de la nature*, tome III, pages 27 et 28.

LE SAINFOIN.

HEDYSARUM ONOBRYCHIS. Lin. sp. pl. 1059.

ESPARCETTE CULTIVÉE. *Lam. fl. fr.* 623.

SAINFOIN ESPARCETTE.

Le Sainfoin semble partager avec la Luzerne l'hommage des agriculteurs qui se sont occupés des prairies artificielles. Sans rapporter ici les éloges qui lui ont été prodigués, je dirai seulement, qu'il n'a point perdu dans nos plaines la robuste constitution qu'il a portée des montagnes, dont il est originaire ; et qu'il remplace la Luzerne dans les fonds âpres, durs, stériles, où cette dernière plante ne viendroit pas.

Culture. Le Sainfoin peut donc prospérer dans les terrains où la Luzerne se plaît ; tandis qu'elle dépérit, au contraire, dans les terrains où il réussit le mieux : telles sont les terres graveleuses, élevées, sèches, arides, et celles qui, par leur couleur rouge, indiquent la présence du fer. Douée d'une végétation vigoureuse, cette plante enfonce ses racines dures et ligneuses dans l'épaisseur de ces terres, et va chercher, jusqu'à une grande profondeur, les sucs nourriciers qui lui conviennent. Elle résiste même aux torrens qui déchirent le flanc des coteaux ; et brave les plus grandes sécheresses de la canicule. Le Sainfoin se recommande donc au cultivateur par la force de sa constitution, qui s'accommode, ainsi que je l'ai dit, des terres où la Luzerne ne sauroit végéter. Cependant tous les sols ne lui sont pas favorables. On a remarqué qu'il réussissoit mal dans les champs où croissoient naturellement l'oseille sauvage, les joncs, la prêle et les renoncules ; ce qui l'exclut absolument des terres marécageuses, humides et glaiseuses. Il affectionne, ainsi que la Luzerne, l'exposition du midi ; et se plaît, de préférence, sur le penchant des collines échauffées par le soleil. D'après ces courtes données, il est évident que le Sainfoin doit être cultivé sur les lieux élevés, montueux, découverts ; et que le sol doit être défoncé profondément, pour se prêter à la végétation des jeunes racines. Dans les terrains pierreux et secs, son fourrage sera meilleur; dans un sol trop substanciel, il sera dur et coriace. On dit que le mouton est le plus grand ennemi du Sainfoin; mais je crois que, sans exception, le mouton doit endommager toutes les prairies artificielles sur lesquelles on le laisseroit pâturer dans le temps de leur rapport.

La graine du Sainfoin n'est propre à semer, qu'autant qu'elle est pesante, d'une couleur foncée, et verte dans l'intérieur.

Récolte. Le Sainfoin est ordinairement coupé deux fois l'année, et dure ainsi pendant dix ans consécutifs. Selon l'évaluation commune, son produit est moindre, d'un tiers environ, que celui de la Luzerne. Quoiqu'on ait écrit qu'il ponvoit être recueilli, avec un égal avantage, avant, pendant et après la floraison, il paroît convenable, à cet égard, de ne point s'écarter de la règle générale pour tous les végétaux. Coupé avant le développement de la fleur, le Sainfoin sera peut-être plus succulent; mais il sera moins nourrissant. Après cette époque, il devient ligneux, et perd ses feuilles. Que le Sainfoin, ainsi que la Luzerne, se fauche dès qu'il commence à fleurir; c'est le moment d'en retirer un profit plus considérable.

Quoique son suc, moins visqueux que celui

de la Luzerne, se dissipe plus aisément, et que
ses tiges se fanent avec plus de facilité, je crois
devoir faire ici mention d'un moyen qu'on a
proposé pour hâter et perfectionner la fénaison
de cette plante, ainsi que pour diminuer le
travail qu'elle occasione. Le procédé paroît des
plus simples. Il consiste à se pourvoir de
plusieurs piquets de [huit à neuf pieds] $2^{mt}.59^{c.mt.}$ à $2^{mt}.92^{c.mt.}$ de
haut, qu'on percera, dans tous les sens,
à [seize ou dix-huit pouces] $4^{d.mt.}33^{c.mt.}$ ou $4^{d.mt.}87^{c.mt.}$ de distance; afin
de les traverser par des chevilles d'envi-
ron [quatre pieds] $1^{mt.}29^{c.mt.}$ de longueur, et qu'on fixera
dans la terre, suffisamment éloignés les
uns des autres; et, à mesure que le fourrage tombera sous la faulx, on le jetera sur ces
piquets, pour l'y laisser, sans le retourner ni le
remuer, jusqu'à ce qu'il soit assez sec pour le
transporter dans la grange. Il est certain que
l'herbe est alors moins exposée aux dommages
qu'elle peut éprouver par une pluie inattendue;
qu'elle sèche plus également et plus promptement; et que, restant dans un état de repos,
elle ne doit s'effeuiller ni s'effleurir comme
dans la fénaison ordinaire.

Usages. Le fourrage de Sainfoin passe généralement pour le meilleur qu'on puisse donner aux bestiaux ; et le nom seul de cette plante indique la réputation de salubrité dont elle jouit. Beaucoup moins sujette que la Luzerne et le Treffle , à causer des tranchées , des météorisations funestes, à épaissir les humeurs, à retarder la circulation du sang , il peut arriver cependant que, par quelque abus de la part des animaux qui s'en nourrissent , ils ressentent ces fâcheux effets; mais ces accidens seront toujours bien moins dangereux que ceux occasionés par les autres fourrages. On peut donc , presque sans redouter d'inconvénient , le donner aussitôt après qu'il a été recueilli ; et c'est un avantage très-précieux , lorsque les fourrages anciens auront été consommés de bonne heure. Le Sainfoin convient sur-tout aux chevaux. On a beaucoup vanté le bon effet que produisoit sur eux la graine de cette plante ; mais, comme elle est très-échauffante, elle ne doit leur être donnée qu'avec beaucoup de prudence et de ménagement. Enfin , on a dit que le Blé qui succédoit au Sainfoin , étoit plus beau, plus net , plus abondant, que celui qui vient après la Luzerne. Quant à la qualité, elle doit être supérieure , par la seule raison, que le Blé des hauteurs où l'on cultive le Sainfoin, vaut toujours mieux que celui des terrains bas où l'on cultive la Luzerne. Quant l'abondance, c'est un fait à vérifier.

Nulle autre plante propre aux prairies artificielles, ne me paroît mieux convenir, que le Sainfoin, à l'état actuel de notre agriculture. La Luzerne est, sans doute, d'un grand rapport ; mais elle veut un bon terrain, et son produit exige un sacrifice. Avec le Sainfoin tout est profit ; il croît dans les sols médiocres, il ne réclame aucun engrais, il est un bon engrais lui - même. Combien le Sainfoin ne peut-il pas nous être utile ! Nous avons, en général, la manie de cultiver trop de terres. Il est peu de métayers qui ne doublassent, peut-être avec plaisir, leur exploitation, sans songer à l'augmentation proportionnelle de leurs capitaux, cependant indispensable. Eh bien, cette espèce d'ambition, cette idée dominante de nos laboureurs, à quoi nous conduisent-elles ? à voir mal cultiver beaucoup de terres médiocres, qui ne dédommagent qu'à peine des frais qu'elles occasionent ; à voir négliger souvent les bonnes terres, qui, par cette raison, diminuent leur produit, et s'appauvrissent insensiblement. Ainsi, tout languit, tout dégénère. Ne vaudroit-il pas mieux cultiver le Sainfoin dans les terrains médiocres, pour s'attacher aux meilleurs fonds, pour leur donner toute l'attention, tout le soin qu'ils méritent? Ayant un quart, un tiers de moins à labourer, à fumer, nous labourerions, nous fumerions mieux les terrains qui nous resteroient à travailler; nous recueillerions davantage, tandis que le Sainfoin nous prépareroit à-la-fois et les moyens d'augmenter nos bonnes terres, et ceux de les cultiver. Proportionnez l'étendue de l'exploitation à la quantité des engrais; tel est, je le répéterai toujours, le secret, presque le seul secret de l'agriculture.

LE SAINFOIN-SULLA.

HEDYSARUM CORONARIUM. Lin. sp. pl. 1058.

SAINFOIN A BOUQUETS. *Lam. fl. fr.* 636.

SAINFOIN D'ESPAGNE.

Quoiqu'il ne soit pas encore venu à ma connoissance, qu'on ait cultivé le *Sulla* en France, pour en retirer les avantages qu'il procure dans quelques contrées méridionales de l'Europe ; ses avantages sont si grands , et tiennent si fort du merveilleux , que je ne puis passer ici ce Sainfoin sous silence.

Culture. Selon les nombreux auteurs qui ont parlé du *Sulla*, il se plaît dans toutes sortes de terrains , et s'élève quelquefois à la hauteur d'un homme. On le sème , après la récolte des Blés, sur le chaume qu'on brûle ; il n'exige pas d'autre culture. Le *Sulla* reste ainsi, plusieurs mois, sans paroître ; il croît ensuite lentement jusqu'au printemps : à cette époque, on le voit s'élever , et couvrir toute l'étendue du terrain. Ce qui semble le plus étonnant, c'est que, la récolte du *Sulla* terminée , on laboure la terre, on y sème du Blé , qui vient plus beau que dans les champs non *sullés* , sans que le *Sulla* se manifeste. Mais , lorsque le Blé est enlevé , et qu'on a brûlé le chaume , on voit reparoître cette plante , qui, passant par tous les degrés de la végétation ordinaire , couvre bientôt le terrain , comme à la première récolte : bien plus , on ajoute, qu'elle se perpétue ainsi , et reparoît tous les deux ans, sans qu'il soit besoin de la resemer qu'après un laps de temps très-considérable (1).

---

(1) Je n'ose presque pas le dire : après quarante ans. Eh pourquoi

Usages. Si l'on en croit les auteurs, tous les animaux aiment cette plante, qui les engraisse prodigieusement. Les Calabrois en nourrissent presque exclusivement leurs chevaux. Elle est aussi cultivée comme fourrage, dans le reste de l'Italie et en Sicile, depuis des temps très-reculés.

Je suis bien éloigné de révoquer en doute

quarante ans ? Je ne vois que l'épuisement total du terrain, qui puisse arrêter cette reproduction spontanée. Mais le plus étonnant, sans doute, est la manière dont presque tous les auteurs qui ont parlé du *Sulla* racontent les détails ci-dessus, tous très-singuliers ou évidemment contradictoires. Qu'on daigne y réfléchir un instant. D'après leur rapport, dont je me suis très-fidellement borné à rendre compte, le *Sulla* paroît d'abord une plante annuelle ; cependant l'on voit qu'il ne se reproduit, dans la suite, qu'une année entr'autres. Sa graine reste-t-elle donc alors plus long-temps sans germer ? On ne le dit point ; et l'on ne peut même le supposer, d'après la végétation de la première année. Voilà donc le *Sulla* d'abord annuel, bisannuel ensuite ; ce n'est pas tout : de nouvelles difficultés se présentent. Le *Sulla* se resème lui-même *sur toute l'étendue du terrain*. Il se resème ! quoiqu'on ait dû le faucher dès le temps où il étoit en fleur ! Ses graines ou ses jeunes individus résistent à la combustion du chaume, dont l'effet naturel étoit de les détruire ! Tout cela ne paroît pas très-clair. Cependant, bien loin d'expliquer ces difficultés, les auteurs nous les transmettent sans avoir même l'air de les soupçonner. Ils semblent, à cet égard, s'être tous copiés avec le *Pantographe*. J'en excepte néanmoins le citoyen *Willemet*, qui, dans le n.º 59 de *la Feuille du Cultivateur*, quatrième année, dit qu'on resème des pieds de *Sulla* pour se procurer annuellement de la graine. Mais, s'il en est ainsi, que devient donc tout le merveilleux de cette culture ?

tous les avantages que paroît promettre la culture du Sainfoin-Sulla ; mais je ne puis m'empêcher de rapporter les observations que j'ai faites sur cette plante, et qui m'autorisent à penser qu'elle doit une grande partie de ces avantages à l'influence du climat.

Cet *Hedysarum* que je cultive dans mon jardin, depuis plusieurs années, comme plante d'ornement, bien loin de pouvoir se passer de culture, vient très-rabougri quand on l'abandonne à lui-même. Lorsqu'il est soigné, il s'élève jusqu'à $\frac{\text{trois pieds}}{1 \text{ mt.}}$ ou un peu plus ; mais il n'atteint jamais, à beaucoup près, la hauteur d'un homme. Ses tiges sont rares sur la même souche ; ses feuilles, peu nombreuses, sur les tiges ; ces dernières paroissent sèches et dures : de sorte qu'il ne semble offrir, dans notre climat, ni un fourrage succulent ni précieux par son abondance. J'ai remarqué qu'il restoit, ainsi qu'on l'annonce, quelque temps sans s'élever au-dessus du terrain ; mais il se multiplie difficilement de lui-même. Tel est le résultat de mes observations sur cette plante. Superbe dans nos jardins, elle ne promet encore à notre agriculture aucun de ces avantages qui lui ont ailleurs mérité tant d'éloges. J'ajouterai, qu'un citoyen très-éclairé, dont les occupations utiles de la campagne font actuellement les délices, m'a dit avoir semé une fois le *Sulla* sans succès : cette première tentative, qui paroît confirmer les doutes que j'ai conçus, ne doit pas cependant décourager mes compatriotes. Quand il s'agit d'une conquête aussi précieuse, ce n'est qu'après les expériences les plus infructueuses et les plus réitérées, qu'on doit abandonner l'espoir de réussir.

Le *Sulla* est représenté dans le tome III du *Spectacle de la nature*, page 28.

LE GALEGA.

GALEGA OFFICINALIS. Lin. sp. pl. 1062.

LAVANÈSE COMMUNE. *Lam. fl. fr. 626.*

GALEGA COMMUN. *Lam. enc. méth. n.° 1.*

RHUE DE CHÈVRE.

Quoiqu'on ait fait les plus grands éloges de cette plante, quoiqu'on ait dit, dans un ouvrage périodique très - accrédité (1), qu'elle étoit

(1) Observations sur l'Histoire naturelle et la Physique, *in*-4.°, par *Rozier.* Supplément 1782, tome XXI, Mémoire de *Louis Clouet*, page 332.

supérieure à toutes celles qu'on emploie à la formation des prairies artificielles , je ne vois point qu'on en ait parlé dans aucun autre ouvrage moderne sur l'économie rurale ; il n'est pas venu à ma connoissance , qu'elle soit cultivée, comme fourrage, dans aucune contrée de l'Europe. Cependant le ton affirmatif avec lequel ses qualités sont préconisées , les détails multipliés dans lesquels on est entré à son égard , le prix accordé par une société savante à celui qui , le premier , fit connoître cette plante sous l'aspect avantageux qu'elle offre à l'agriculture ; enfin, ce que j'ai été à portée d'en savoir par moi-même , ne me permettent nullement de la passer sous silence. Je n'ai point, à la vérité, cultivé le Galega dans les champs ; je l'ai seulement élevé, comme plante d'ornement, dans mon jardin : mais j'ai vérifié ce qu'on a dit de sa vigoureuse végétation , de sa hauteur, et de la quantité de tiges qu'il pouvoit produire. J'ai vu qu'il étoit, en effet, possible qu'il fût un excellent fourrage ; et j'ai cru devoir en conséquence le recommander aux agriculteurs.

Culture. Le Galega vient bien dans toutes sortes de terres , pourvu qu'elles ayent de la profondeur , et qu'elles ne soient point arides.

Il préfère celles qui sont substancielles et humides ; et se plaît, en général, par tout où pourroient se cultiver le Trefle et la Luzerne, qu'on dit lui être inférieurs pour le produit. Dans de semblables terrains, son rapport est considérable ; il est meilleur pour les bestiaux, dans les sols secs et légers.

On multiplie le Galega, et de semence, et de plans enracinés. Lorsqu'on veut le semer, on prépare la terre dans l'automne; on l'ameublit, autant qu'il est possible ; par divers labours successifs. En germinal, on la travaille encore ; on l'applanit, et l'on répand les graines à la volée, en les mêlant, dans la proportion d'un sixième, avec des cendres ou de la poussière. On aura pu semer de l'Orge ou de l'Avoine, avant de semer le Galega : bien loin, dit-on, de lui préjudicier, ces plantes lui seront favorables.

Telle est la manière la plus simple et la plus commode d'ensemencer, en grand, le Galega. Cependant, comme il importe infiniment que ses individus soient très-espacés, attendu les dimensions qu'ils peuvent acquérir, on conseille d'avoir un cordeau divisé par des nœuds

deux en deux pieds

de 6^{d.mt.}50^{c.mt.} en 6^{d.mt.} 50^{d.mt.} de distance, et

de

de déposer deux semences vis-à-vis chaque nœud , en les recouvrant ensuite d'un peu de terre. Il résultera de cette opération un semis disposé en quinconce , dans lequel les touffes de Galega seront suffisamment isolées, pour ne pas se nuire , et pour être facilement travaillées. La distance de $6^{\text{d.mt.}}5o^{\text{c.mt.}}$ (deux pieds) étant cal-culée pour les terres médiocres, si elles sont de moindre valeur, on rapprochera les nœuds; si elles sont de la première qualité, on pourra augmenter leur éloignement de $5^{\text{c.mt.}}41^{\text{m.mt.}}$ à $8^{\text{c.mt.}}12^{\text{m.mt.}}$ (deux à trois pouces)

Mais , quelle méthode qu'on adopte , nous le répétons, il est essentiel que le Galega soit semé clair , parce que cette plante occupe un grand espace. Ses tiges , réunies sur une seule souche, forment quelquefois un faisceau de $6^{\text{d.mt,}}5o^{\text{c.mt.}}$ (deux pieds) et de $1^{\text{mt.}}3^{\text{d.mt.}}$ ou $1^{\text{mt.}}6^{\text{d.mt.}}$ (quatre ou cinq pieds) de hauteur.

La graine de Galega doit être fraîche , jaune et pesante. Il est essentiel qu'elle soit recouverte de terre.

Si l'on se décide pour les drageons ou plans enracinés , on les détachera des souches an-ciennes ; et , après les avoir rafraîchis , on les plantera au cordeau et à la distance ci-dessus prescrite. L'automne ou le printemps sont, dit-on, également favorables pour la plantation du Galega. Il me semble cependant que le printemps est préférable, à cause des gelées, le Galega étant originaire des climats chauds. Mais, quelle saison qu'on choisisse, il faut avoir l'attention de planter par un temps couvert. Cette méthode est plus avantageuse que les semis, parce que le Galega est plutôt en rapport, que s'il étoit venu de graine. Au surplus, tout le travail consiste ensuite à sarcler cette plante, pour la délivrer des herbes étrangères, et ameublir la superficie du terrain. On assure qu'elle se perpétue elle-même, par le moyen de ses drageons enracinés ; et qu'on n'a pas besoin de la renouveler, jusqu'à ce qu'on ait intérêt à la détruire.

Si lorsqu'on a fauché une prairie artificielle de Galega, on y répand du fumier ou des feuilles d'arbres, à l'entrée de l'hiver, on sent que l'année ensuite la récolte sera plus considérable. Rien n'est plus admirable, dit-on, qu'un pré de Galega bien entretenu, à la veille d'être fauché. C'est un massif serré, impénétrable, de 1$^{mt.}$ 4$^{d.mt.}$ 6$^{m.mt.}$ à 1$^{mt.}$ 6$^{ch...}$ de [quatre pieds et demi à cinq pieds de] haut, et du plus beau verd possible. D'après la connoissance que j'ai de cette plante, je crois sans peine à la vérité de cette assertion.

Récolte. On fauche le Galega, dès la première année, avec l'orge ou l'avoine qu'on a semés dans le même terrain. Cette coupe, à la vérité, n'est pas d'un grand rapport, mais elle dispose le Galega à taller et à produire une souche plus considérable et plus vigoureuse. La seconde année, on le fauche deux fois, en floréal ou prairial et en vendémiaire. La troisième année, il est dans toute sa force, et l'on pourra régler son exploitation sur le besoin plus ou moins grand qu'on aura de fourrage ; c'est-à-dire, qu'on le fauchera à discrétion dans le cours du printemps, de l'été et de l'automne, en observant néanmoins de ne jamais laisser passer le temps de la floraison sans le recueillir : trop ligneux après cette époque, il deviendroit inutile.

Usages. Donné en verd, on ne sauroit employer le Galega avec trop de ménagement. Les bestiaux doivent y être accoutumés peu à peu, et le manger d'abord avec d'autres fourrages. On le coupe alors plutôt le soir que le matin. On a soin de ne point l'entasser ; on le conserve jusqu'au moment d'en faire usage , étalé dans un lieu sec , crainte qu'il ne fermente. Quand on veut le faner et le réserver pour l'hiver , on choisit un temps favorable, et l'on n'oublie aucune des précautions recommandées ci-dessus , pour les plantes qui lui sont analogues. Je crois qu'il seroit encore très-prudent de ne l'employer , malgré sa dessication , que mêlé avec la paille ou le foin , au moins jusqu'à ce que les bestiaux soient accoutumés à ce nouvel aliment , qui paroît être très-substancieux sous un petit volume.

L'ASTRAGALE.

ASTRAGALUS GLYEIPHILLOS. Lin. sp. pl. 1067.

ASTRAGALE REGLISSIER. *Lam. fl. fr.* 617.

ASTRAGALE A FEUILLE DE REGLISSE. *Lam. Enc. meth.* n.° 13.

REGLISSE SAUVAGE.

Après les détails dans lesquels je viens d'entrer sur le Galega officinal, je n'aurai que peu de choses à dire de la culture et des usages de l'Astragale reglissier. Ces deux plantes ont entr'elles les plus grands rapports. Elles ont partagé les mêmes éloges, et jusqu'ici la même indifférence de la part des agriculteurs. J'ajouterai cependant en faveur de l'Astragale, qu'il croît spontanément dans le département de Lot et Garonne, ce qui doit lui mériter quelque distinction; et qu'il se plaît à l'ombre, ce qui peut le rendre précieux dans certaines circonstances.

On trouve cette plante dans les lieux ombragés, les pâturages couverts, principalement sur le bord des rivières.

Quoique les tiges de l'Astragale ne soient peut-être pas tout-à-fait aussi longues que celles du Galega, elles occupent cependant plus de terrain, parce qu'elles sont étalées, et ne prennent la direction perpendiculaire qu'à une grande distance de la souche, ou lorsqu'elles y sont contraintes par quelque obstacle. D'après cette observation, on recommande de ne point avoir égard à l'étendue de ces tiges pour espacer les pieds d'Astragale, et de les rapprocher par conséquent plus qu'ils ne sembleroient devoir l'être, d'après les dimensions qu'ils doivent acquérir. Par ce moyen, soit dans les semis, soit dans es plantations, les tiges nombreuses de l'Astragale, se gênant mutuellement, s'élèveront plutôt dans une direction verticale. On ajoute que les racines, loin de se nuire, pivotent, au lieu de se croiser, si le terrain est perméable et profond. Cela doit être par des raisons analogues à celles qui, dans la même occasion, déterminent les tiges à s'élever. Les souches de l'Astragale seront donc rapprochées à des distances qui puissent procurer leur élévation avec la moindre perte de terrain possible, sans diminuer le produit du fourrage. On ne fixera point ici cette distance; elle dépendra de la nature du sol et de sa profondeur; elle sera relative aux localités et déterminée par l'expérience.

On donnera à la terre les mêmes préparations que pour le Galega. Il paroît cependant qu'on pourroit semer et planter l'Astragale, sans crainte, dans l'automne, parce qu'étant naturel à notre climat, il doit moins redouter les rigueurs de l'hiver.

L'Astragale ayant la propriété de croître à l'ombre, on pourroit utiliser, avec cette plante, des endroits où nul autre fourrage ne sauroit prospérer. On pourroit essayer de le cultiver le long des haies touffues, dans les clos resserrés, dans les vallons étroits et sombres, et même sous de grands arbres. Je n'ajouterai cependant pas, comme on l'a dit, qu'on peut l'élever dans les vergers; j'attendrai, à cet égard, d'être certain que l'Astragale forme une exception à la règle générale.

On conseille aussi de planter ou de semer l'Astragale avec le Galega, quand on disposera ces fourrages en quinconces. On voit dans ce procédé l'avantage de former, par le moyen du Galega, qui s'élève verticalement, un obstacle qui force l'Astragale à suivre, dans des distances peu rapprochées, la même direction. Il est possible qu'on gagne quelque peu de terrain par cette méthode; rien ne s'oppose à ce qu'on puisse l'essayer.

L'une et l'autre de ces plantes doivent être fauchées aux mêmes époques, fanées avec les mêmes soins, et données aux bestiaux avec les mêmes précautions et la même prudence.

Les droguistes employent souvent les racines de l'Astragale reglissier, pour celles de la véritable Reglisse (Glycirhyza-glabra). *Liu.*

PLANTES propres à former des prairies artificielles, dont le produit se recueille pendant le printemps, l'été et l'automne.

Légumineuses, vivaces, tige ligneuse;

LE FAUX ACACIA.

ROBINIA PSEUDO-ACACIA. Lin. sp. pl. 1043.

ROBINIER, FAUX ACACIA. *Lam. fl. fr.* 628.

ACACIA.

Cet arbre ne peut être oublié dans le nombre des végétaux à fleurs légumineuses, qui procurent un fourrage avantageux pour la nourriture des bestiaux.

Culture. Le faux Acacia vient très-aisément des semences recueillies lors de leur maturité, mêlées avec de la terre ou du sable, conservées dans un lieu frais, et répandues au printemps sur un sol ameubli;

elles réussissent toujours, sur-tout si ce sol
est humide et léger. On répique, à la seconde
année, les jeunes individus en pépinière. On
les transporte ensuite à demeure, lorsqu'ils
ont acquis environ deux à trois pouces 5^{c.mt.} 41^{m.mt.} à 8^{c.mt.} 12^{m.mt.}
de circonférence, et l'on observe de ne pas
les planter trop au-dessous de la superficie du
terrain.

Pour se procurer promptement, dit *Duhamel*, quantité de jeunes Acacias, il suffit
d'arracher un de ces arbres pendant l'hiver,
et de laisser la fosse ouverte au printemps;
chaque racine coupée produira une tige qu'on
devra transporter, l'année d'après, en pépinière : ces arbres, pour donner un produit
considérable, devroient être réduits en têtards,
et à une médiocre élévation.

Récolte. On se servira des échelles doubles
et du croissant pour recueillir les feuilles,
et l'on évitera soigneusement que les épines
des branches ne se mêlent ou ne restent parmi
le fourrage, qui d'ailleurs, peut se sécher
comme le foin, dont il prend l'odeur et le
goût.

Usages. Les feuilles du faux Acacia, les

jeunes fleurs et les sommités, encore tendres, de ses rameaux, forment une excellente nourriture pour les bestiaux, qui la recherchent avidement. On assure même qu'elle augmente le lait des vâches, et que cet aliment leur convient mieux que le Sainfoin, le Trefle et la Luzerne. Pourquoi le faux Acacia, d'un feuillage, d'un port agréable, d'une végétation rapide, n'est-il pas plus multiplié dans le département? Il y seroit précieux, sous plusieurs rapports, dans l'économie rurale et domestique.

LE CYTISE.

CYTISUS LABURNUM. Lin. sp. pl. 1041.

CYTISE DES ALPES. *Lam. fl. fr.* 605.

FAUX EBÉNIER.

EBÉNIER DES ALPES.

AUBOUR.

Je présume que le Cytise procureroit non-seulement autant de fourrage que le faux Acacia, qu'il concourroit non - seulement avec cet arbre à l'entretien de nos bestiaux;

mais qu'il lui seroit peut-être préféré, parce qu'il croît dans les endroits ombragés où les autres arbres viennent mal; qu'il n'est point épineux, que ses feuilles seroient plus aisées à recueillir, d'un usage moins dangereux et plus facile. A ces avantages, qui me paroissent évidens, j'ajouterai que je crois très-possible, en récépant ce grand arbrisseau un peu au-dessus du terrain, de rendre sa culture et la récolte de ses feuilles aussi commodes que celles des autres fourrages vivaces. Mon projet est de commencer incessamment des expériences à cet égard. Si quelques cultivateurs vouloient consacrer, aux mêmes tentatives, les instans de leurs loisirs, je partagerois bien volontiers avec eux les semences recueillies sur les Cytises que je cultive. Le temps qu'ils donneroient à ces soins ne seroit jamais perdu ; puisque le Cytise, qui se couvre, au printemps, de belles grappes dorées (1), est un des plus jolis arbres de décoration qu'on puise se procurer ; et que d'ailleurs il peut être utile sous beaucoup de rapports.

---

(1) L'auteur du Cours complet d'Agriculture a dit que le Cytise portoit des fleurs blanches; mais il s'est trompé: elles sont jaunes.

Au reste, il est bon d'avertir que cet arbre n'est point le Cytise dont *Pline* et *Virgile* ont parlé, et dont ils ont tant recommandé le fourrage. On croit reconnoître aujourd'hui ce Cytise des anciens, dans le *Médicago Arborea*, ou la Luzerne en arbre de *Linné*. Sa culture paroît abandonnée.

PLANTES propres à former des prairies artificielles, dont le produit se recueille pendant le printemps, l'été et l'automne.

Légumineuses, bisannuelles.

LE TREFFLE.

TRIFOLIUM PRATENSE. Lin. sp. pl. 1082.

TREFFLE DES PRÉS. *Lam. fl. fr.* 596.

Nota. Je comprends dans cet article, sous le nom de Treffle des prés, toutes les variétés de cette plante, qui sont cultivées en prairies artificielles.

Si la Luzerne et le Sainfoin, étrangers au département de Lot et Garonne, ont mérité d'y être multipliés, pour améliorer son agriculture, l'abondance ou la qualité de leur fourrage ne doit pas cependant faire négliger les secours de ce genre que le Treffle peut nous procurer. Aux avantages qui lui sont propres, il réunit encore celui de croître spontanément dans notre climat : c'est la nature, elle-même, qui l'offre à nos bestiaux. Le sol des prairies artificielles semble lui appartenir par droit d'antériorité ; et le cultiver dans nos champs, c'est l'accueillir dans son domaine.

Culture. Le Treffle est une plante bisannuelle, qui périt après sa fructification, mais qui produit de nouvelles tiges et subsiste plus long-temps, quand on la coupe avant qu'elle n'ait perfectionné ses semences.

L'un des principaux avantages de la culture du Treffle, c'est qu'il réussit dans les terrains où le Sainfoin et la Luzerne viendroient difficilement, ou ne viendroient point. Tels sont les terrains compactes, argileux, humides, froids, et ceux qui ne produisent naturellement que des joncs ou des gramens aquatiques. Après avoir préparé le sol par les labours nécessaires, et observé qu'il ne soit point trop humide, l'on sème la graine du Treffle à raison de vingt à vingt-cinq livres par arpent 9^gv. 78^c.gv. à 12^gv. 22^c. par 3^d.ar. 4^c.ar. 16^m.q. et mêlée avec du sable ou des cendres pour la disséminer plus également. L'automne est la saison la plus favorable, non-seulement parce que les travaux préparatoires qu'exige sa culture, peuvent mieux s'effectuer qu'au printemps, dans les terres qui lui conviennent; mais encore parce qu'il ne craint point les gelées de l'hiver, et que son fourrage est plus précoce. Si dans les mois frimaire ou nivôse, on répand du terreau léger sur le jeune Treffle, il sera plus vigoureux et plus hâtif. Si on renouvelle cet engrais l'hiver suivant, on obtiendra un tiers en sus de fourrage; c'est-à-dire, une coupe de plus, à moins qu'une trop grande sécheresse ne s'y oppose. Après ces récoltes, on laboure ordinairement le Treffle. On lui fait succéder au printemps quelques menus grains, pour remettre en blé dans l'automne la terre qui le produit. Quelques agriculteurs se contentent d'utiliser leurs jachères par le Treffle, c'est-à-dire, qu'ils se bornent à l'alternat (1). Quelques

____

(1) Tels sont ceux qui cultivent le Treffle *farouche.* Cette espèce ou cette variété paroît d'ailleurs annuelle.

autres recueillent la première herbe de la troisième année ; et quand la seconde pousse commence à paroître, ils l'enfouissent avec la charrue, et préparent la terre à recevoir du froment. Chacun des ces procédés peut avoir ses partisans ; leurs avantages respectifs dépendent des circonstances. J'observerai seulement que, dans tous les cas, il faut avoir l'attention de s'assurer que les racines du Trefle ont achevé de se consommer avant de réensemencer la terre.

Je n'ai pas conseillé de semer le Trefle avec de l'orge, du maïs ou de l'avoine, ainsi qu'on le pratique en certains endroits, parce que cette méthode ne me paroît point avantageuse. Je me fonde sur ce que les grains qu'on associe au Trefle, doivent nuire à son accroissement, jusqu'à ce qu'ils ayent été recueillis ; sur ce que la première coupe de ce fourrage en est retardée ; enfin, sur ce que le Trefle, qui n'est qu'une plante bisannuelle, ayant souffert pendant la première année, doit nécessairement donner des produits moins considérables dans la courte carrière qui lui reste à parcourir. L'on a dit, je le sais, que dans cette circonstance, les racines traçantes des céréales ne pouvoient gêner les racines du Trefle qui sont pivotantes ; mais cette raison n'est pas même spécieuse, puisque les jeunes racines du Treffle, à la première époque de leur existence, ne se nourrissent alors que dans la couche horizontale, dans la même, par conséquent, où les plantes céréales et annuèlles, douées d'une végétation plus active, exercent toute leur action. Si cependant on veut mêler le Treffle avec l'orge, l'avoine ou le maïs, il convient d'abord de semer ces grains, et de les recouvrir de terre, comme, à l'ordinaire, ensuite on semera le Treffle. Par ce moyen, ses graines ne seront pas si profondément enterrées ; et le sol, qui ne sauroit être trop ameubli, vu la petitesse de la graine, sera d'autant mieux préparé pour elle, qu'il aura reçu un double travail.

En choisissant les graines de Treffle, il faut donner la préférence à celles qui sont arrondies et d'un jaune pur. Celles qui sont pâles ou noirâtres doivent être rejetées.

Si l'on veut recueillir cette graine, on laissera sur pied la récolte du printemps. La couleur brune qui se manifeste vers le haut des tiges, annonce la maturité des semences.

Récolte. Le Treffle le cède à la Luzerne par son produit, mais il l'emporte, à cet égard, sur le Sainfoin et sur toutes les autres

tres plantes diadelphes ou légumineuses, généralement cultivées (1). On le fauche d'abord
au printemps, d'assez bonne heure ; ensuite
une seconde fois et même une troisième dans
le cours de l'été, si de petites pluies sur-
viennent dans cette saison, et la lui rendent favorable. Il faut l'avouer, le grand inconvénient du Treffle est de faner difficilement.
Pour obvier aux suites fâcheuses qu'une dessication imparfaite de ce fourrage pourroit
entraîner, on ne doit non-seulement négliger
aucune des précautions recommandées ci-dessus pour la luzerne, mais on devra les porter, s'il est possible, à une exactitude plus
rigoureuse ; parce que cette dernière plante
est peut-être moins sujette encore que le
Treffle à fermenter, à se moisir, à devenir,
pour les bestiaux, dégoûtante et nuisible. On
ne peut se lasser de le répéter : il est indispensable d'apporter le plus grand soin à la
fenaison du Treffle, et en général de toutes
les plantes qui composent les prairies artificielles. Comme cette fenaison est toujours im-

---

(1) On dit qu'en Irlande il parvient quelques fois à la
hauteur de $\frac{\text{7 pieds}}{\text{2mt. 27}^{\text{c}}.\text{mt}}$ l'exagération me paroît forte.

D

parfaite, j'ajouterai ici les précautions à prendre pour la conservation de ces sortes de plantes, lorsqu'elles sont renfermées dans la grange: l'occasion ne peut s'en présenter plus naturellement.

Il seroit sans doute infiniment avantageux de conserver les fourrages secs dans des greniers élevés et aérés ; mais si l'on ne peut disposer d'un semblable local, et si l'on est obligé de les placer au rez-de-chaussée, on aura l'attention d'établir sur ce sol, une couche horizontale de fagots ou de branches d'arbres. On dressera au millieu de ces branches, autant de perches qu'on jugera devoir faire de meules ; et pour faciliter la circulation de l'air dans l'intérieur de chaque meule, on réunira aux perches d'autres branches ou d'autres fagots. Ensuite on formera les meules par des lits alternatifs de fourrage et de paille, en observant que ces lits doivent être minces et point pressés : ils pourroient s'élever jusqu'au plancher ou jusqu'au toit de la grange. Par ce moyen, qui ne réclame, comme on le voit, qu'un peu de soin, on garantit le fourrage de l'humidité, on le conserve très-sain toute l'année. Bien plus, la paille acquiert souvent de la flexibilité ; elle prend toujours l'odeur du Treffle, et devient un aliment aussi appétissant que le Treffle lui-même pour les bestiaux. S'il étoit possible, ainsi qu'on l'assure (1), d'employer ce procédé à l'égard du Treffle nouvellement fauché, on éviteroit le déchet qu'on éprouve par la méthode ordinaire; on conserveroit les parties les plus précieuses, qui sont les feuilles; enfin, on économiseroit le temps qu'exige le fanage dans les champs. Mais avant d'opérer ainsi sur le Treffle vert ou mouillé, il est prudent de s'être assuré du succès par des épreuves réitérées.

Usages. Le Treffle est un excellent fourrage pour les bestiaux, mais il n'est que trop connu que son abus peut être funeste. Pour prévenir ses mauvais effets, ne négligez donc aucune des précautions ci-dessus indiquées pour la Luzerne. Si vous le donnez en vert, qu'il ait été coupé par un temps serein, et la veille; qu'il n'ait point été entassé; qu'il soit d'abord présenté aux bestiaux par gradation, et mélangé avec d'autres alimens auxquels les animaux soient accoutumés. C'est

---

(1) Le citoyen *Bleneau de la Bergerie*: Mém. de la Société d'Agriculture de Paris, année 1787, trim. d'hiver. pag. 129.

peu à peu qu'ils doivent se faire à cette nourriture qui les fortifie et les engraisse, mais qui les purge pendant les premiers jours. Si vous employez ce fourrage sec, que les rations soient modérées, pour qu'il ne provoque point l'échauffement et la pléthore ; qu'il soit allié avec du foin ordinaire, ou avec de la paille ou avec des substances fraîches. Quoiqu'on puisse, sans inconvénient, l'employer seul, cette nourriture composée est de beaucoup préférable. Enfin, qu'on ait sur-tout attention que le mouvement de fermentation dont le Trefle n'est jamais exempt, soit totalement calmé. On n'est à l'abri de toute crainte à ce sujet, qu'au bout de cinq décades ou de deux mois, selon la température plus ou moins humide qui régnoit lors de la fenaison de ce cette plante, et encore selon la nature du terrain qui l'a produite.

Si le Trefle est un excellent fourrage, il n'est pas moins précieux comme moyen de fertiliser les terres ; sous ce dernier rapport, il offre les plus grands avantages à l'agriculture, et peut utiliser la plupart des très-inutiles jachères, principalement dans tous les fonds humides, compaotes et argileux. Il divise, il ameublit ces sortes de fonds, et les rend propres , après deux ou trois ans, à produire en blé les meilleures récoltes. Mais il seroit superflu d'entrer, à l'égard du Treffle, dans de plus longs détails ; il commence à être connu dans le département ; et grâces à l'exemple de quelques cultivateurs éclairés , il est enfin sur le point de se recommander lui-même.

LA LUPULINE.

MEDICAGO LUPULINA. Lin. sp.
pl. 1097.

LUZERNE LUPULINE. *Lam. fl.*
fr. 590.

MINETTE DORÉE.

TREFFLE JAUNE.

Il règne une si grande variété dans la nature des terres et dans leur profondeur, elles se trouvent mêlangées dans des proportions si différentes ; leur exposition et les autres circonstances locales, influent tellement sur l'abondance ou la qualité de leurs produits, que l'agriculture seroit forcée de lais-

ser souvent sans rapport des sols très-éten-
dus, si elle ne cherchoit à se procurer, dans
le grand nombre des végétaux connus, les
moyens assurés de cultiver toutes sortes de
terrains, et de les rendre utiles. C'est dans
l'espoir de servir, sous ce point de vue, le
zèle des cultivateurs, que je leur désigne ici
quelques plantes susceptibles d'être employées
subsidiairement en prairies artificielles. Parmi
ces plantes, ils pourront en trouver d'analogues à la plûpart des terres qu'ils auroient
à mettre en valeur. Telle est la Lupuline,
dont la culture se rapproche de celle du treffle, qui comme lui est indigène dans le département, mais qui vient dans les terrains
légers, superficiels, crayeux et arides. Pour
cultiver la Lupuline, on donne le premier
labour après la récolte du blé, et le second
après l'hiver. On nétoie bien le sol de toute
herbe étrangère ; on sème ensuite, avec
l'avoine, (en observant ce qui a été dit pour
l'orge et le treffle). Après avoir moissonné
l'avoine, on pourra recueillir une coupe de
Lupuline, ou la donner à paître aux moutons pendant l'automne. Au mois floréal
suivant, on aura encore une coupe de fourrage très - abondante ; et pendant l'été au

moins une autre coupe, si on ne la livre
point au pâturage. On fume ensuite, on laboure en vendémiaire pour remettre la terre
en blé, qui vient plus beau qu'auparavant.

Le produit du treffle et du sainfoin seroit
sans doute plus considérable ; mais le premier veut une terre humide et forte, le second exige plus de profondeur.

LE MÉLILOT.

T. Melilotus officinalis. Var. G.
Lin. sp. pl. 1078.

Melilot officinal. *Lam. fl.
fr.* 595.

Cette plante paroît être du nombre de celles
qu'on pourroit employer avec avantage dans
certaines circonstances pour former des prairies artificielles. Elle croît presque par-tout
dans le département de Lot et Garonne. On
la trouve sur le bord des chemins, des ruis-
seaux, près des haies, dans les terrains in-
cultes et négligés. Elle est très-recherchée par
les bestiaux, elle est bisannuelle, et acquiert
une grande hauteur ; enfin, elle manifeste
une telle force de végétation, qu'elle étouffe

là luzerne et le sainfoin, quand elle se multiplie naturellement au milieu de ces plantes vivaces. Ne seroit-il donc pas possible de cultiver le Mélilot pour la nourriture des bestiaux, dans les terrains qu'il affectionne ? Pourquoi ne l'essayeroit-on pas ? Il semble promettre des succès à celui qui, d'après les rapports des anciens, et les conseils de quelques modernes, voudroit faire des expériences à cet égard, avec la méthode et le discernement qu'exige toujours une nouvelle tentative.

Quel que soit néanmoins le désir que je témoigne ici de voir le Mélilot augmenter un jour les ressources de notre économie champêtre, je suis loin de m'aveugler sur tous les services qu'on doit en attendre; je crois même qu'il nous seroit peut-être plus utile, comme moyen de fertiliser le terrain destiné à rester en jachères, que comme un nouveau fourrage. Cette plante s'élève, sans doute, quelques fois beaucoup, elle atteint, même dans les bonnes terres, la hauteur de $\frac{6 \text{ pieds}}{2^{mt}}$ et davantage; mais il faut tout dire : elle ne produit le plus souvent que des tiges effilées, grêles, et ligneuses, peu garnies de feuilles et qui occupent par conséquent beaucoup de surface en raison de leurs productions; ses fleurs, à la vérité, sont nombreuses; mais elles sont très-petites. Je présume donc que le Mélilot ne se recommandera jamais par l'abondance de son fourrage, quoiqu'il soit vraisemblable cependant que cette plante cultivée, acquerroit des qualités que n'ont point les plantes isolées. Ces dernières, en effet, sont toujours plus dures et moins succulentes, parce que plus exposées aux variations de l'athmosphère, à l'impulsion des vents, elles existent habituellement dans une sorte d'exercice, et perdent davantage par la transpiration. Au surplus, qu'on cultive le Mélilot, en le sêmant seulement un peu plus clair sur les terres qui lui conviennent, et nous nous fixerons à son égard; il n'est point de raisonnement au-dessus de l'expérience.

*PLANTES propres à former des prai-
ries artificielles, dont le produit se
recueille pendant le printemps, l'été
et l'automne.*

Graminées, indigènes.

LE RAY-GRASS.

LOLIUM PERENNE. Lin. sp. pl. 122.

YVRAYE VIVACE. *Lam. fl. fr.* 1186.

YVRAYE SAUVAGE.

FAUX FROMENT,

Les graminées qui ne le cèdent à aucune
autre famille de plantes pour la qualité du
fourrage, sont inférieures aux diadelphes ou
légumineuses, en ce que leurs racines hori-
zontales effruitent la superficie du sol, et
ne le disposent pas à la culture des *céréales.*
Plusieurs espèces de ces plantes ont été cé-
lébrées tour-à-tour avec enthousiasme, par
les Agronomes. Je ne ferai mention cependant que du Ray-grass, du Fromental, les plus

généralement connues, et de l'herbe de Guinée, puissamment recommandée par les éloges de quelques écrivains. Ce que je dirai de ces trois plantes, pourra d'ailleurs facilement s'appliquer à toutes les autres graminées vivaces, qu'on voudroit cultiver. Nous commençons par les Ray-grass.

Culture. Cette plante, qui affectionne les sols maigres et humides, fournit à l'agriculture un moyen d'utiliser, en prairies artificielles, des terres dont aucune des plantes ci-dessus rapportées, ne peut s'accommoder. Sous ce point de vue, l'Ivraye vivace doit être précieuse, car elle nous procure de bons pâturages dans les terrains humides qui se trouvent trop légers pour le treffle. C'est dans ces sortes de terrains que les racines du Ray-grass se croisent, s'entrelassent en tout sens, et résistent au pâturage des bestiaux ; que ses tiges végètent avec plus de force, et produisent l'excellent fourrage qui a fait sa réputation. Le Ray-grass s'exclut donc des terres crayeuses, marneuses, et sur tout inclinées. Le cultiver dans de semblables terrains, ce seroit à la fois perdre son temps et ses peines ; il s'accommode cependant assez bien encore, dit-on, des sols où l'argile entre pour les trois-quarts. Néanmoins, comme on peut employer plus utilement ces sortes de terres, Je conseille de ne cultiver le Ray-grass, que dans celles qui lui conviennent parfaitement; et que la nature semble lui avoir destinées.

Récolte. Le produit du Ray-grass est peu considérable la première année. Son rapport augmente la seconde, jusqu'à la cinquième, et dure ordinairement jusqu'à la dixième; J'observerai que si l'on attend la maturité du Ray-grass pour le faucher, ses tiges deviennent dures, font un mauvais fourrage, qui d'ailleurs, à cette époque, est malsain pour les bestiaux, et que si on le coupe lorsqu'il est encore tendre, le produit en est très-médiocre. Il résulte de ces faits, que pour retirer le meilleur parti du Ray-grass, il faut le mettre en pâturage. Il est même d'autant plus propre à cette destination, qu'il est très-précoce, et qu'il offre à cet égard une ressource avantageuse, quelquefois dès la fin de l'hiver.

Usages. Le Ray-grass peut, sans doute, être recommandé comme un très-bon fourrage; mais je viens de le dire, pour mériter ce titre, il doit être coupé de bonne heure, ou pâturé sur le sol (1). On se plaint qu'employé lorsqu'il est en fleur ou en graine, il affecte de tristesse et de mélancolie les animaux qui s'en nourissent, et même qu'il les aveugle. Ces accidens paroissent rares ; cependant le Ray-grass appartenant à un genre suspect, il est prudent de se tenir en garde contre les effets qu'il peut produire. Ainsi, le couper lorsque l'épi n'est point encore développé, ou le laisser paître en herbe, sont des précautions qui, d'après les rapports de certains Agronomes, et l'analogie botanique, ne sont point à négliger ; néanmoins, comme en le prématurant, il éprouve un déchet considérable, je me déciderois exclusivement à le faire pâturer. C'est en général le parti qu'il faut prendre pour toutes les graminées vivaces, cultivées en prairies artificielles : en herbe, elles ne rapporteroient qu'un très-mince produit ; dans leur maturité, elles ne donneroient que de la paille.

Comme on a confondu et qu'on confond encore chaque jour le Ray-grass et le Fro-

(1) Il est sur tout alors excellent pour les moutons. Dans le département des Bouches du Rhône, dans la *Crau d'Arles*, on dit communément de cette plante, que, *boucado yaou ventrado.*

mental , ou l'Yvraie vivace , et l'Avoine élevée , je crois devoir désigner ici ces deux
plantes par les caractères qui doivent servir à
les distinguer.

Le Ray-grass s'élève naturellement tout au
plus à [18 pouces. 4 d.mt. 87 m.mt.] Le Fromental acquiert plus
du double d'élévation.

Le Ray-grass a ses feuilles à peine larges
[d'une ligne et demie, de 34 d.mmt.] unies, un peu rudes cependant, quand on les fait glisser à rebours sur
la peau ; le Fromental a les siennes larges
de [trois lignes 68 d.mmt.] ou environ, et chargées de petites raies ou fibres dans le sens de leur longueur.

Enfin, le Ray-grass a pour fructification un
épi terminal, dont les épillets composés de
plusieurs fleurs, sont comprimés et fixés
alternativement sur deux côtés de l'axe qui
le soutient : les bales florales sont imberbes.
Le Fromental fructifie en panicule lâche,
longue de [huit pouces 2 dm. 16 c.mt.] ou davantage, et dont

les épillets, composés de deux fleurs, sont supportés par de foibles péduncules : l'une des bales floréales est terminée par une barbe très-apparente.

LE FROMENTAL.

AVENA ELATIOR. Lin. sp. pl. 117.

AVOINE ÉLEVÉE *Lam. fl. fr.* 1182.

Le Fromental offre, dans ses produits et dans sa culture, beaucoup d'analogie avec le Ray-grass. Comme lui, il est naturel au département de Lot et Garonne; comme lui, il est vivace, croît et se plaît à-peu-près dans les mêmes terrains. Il paroît cependant que sa salubrité n'est pas contestée, qu'il affectionne moins les sols humides, qu'il peut être employé dans les terres médiocres, et qu'il y donne encore des produits, a la vérité foibles, mais qu'on ne pourroit espérer du Ray-Grass, qui n'y croîtroit pas. Il est donc possible d'utiliser le Fromental avec plus de sécurité, à moins de frais, et dans un plus grand nombre de circonstances. Qu'on n'oublie pas de le faucher avant l'apparition de l'épi; plus tard, il devient sec et dur, et perd une

grande partie de sa substance. Recueilli de
cette manière, son produit doit être plu
considérable que celui du Ray-grass, attendu
la longueur de ses tiges ; cependant, il est,
dit-on, toujours plus profitable de le faire
pâturer. Enfin, il est bon d'être prévenu que
le Fromental végète si lentement la première
année, qu'on seroit quelque fois tenté de le
détruire. Ce n'est qu'à la seconde, même à
la troisième année, qu'il est en plein rapport;
parce que l'accroissement de toutes les herbes vivaces, et de tous les végétaux en général, est en raison de leur durée. Celle du
Fromental paroît être de dix à douze ans ;
pendant lesquels s'il est bien entretenu, et
dans un bon fonds, on peut le couper deux
ou trois fois depuis le printemps jusqu'à l'automne. On le trouve dans toutes nos prairies, pourvu qu'elles ne soient pas trop
arides.

eilli de
re plu
attendu
il est,
le faire
enu que
première
até de la
même à
rapport;
 les her-
r en gé-
Celle du
ue ans;
etenu, et
rper deux
squ'à l'au-
nos prai-
pas trop

Graminée , exotique.

L'HERBE DE GUINÉE.

PANICUM ALTISSIMUM. Hort. Par.

PANIS DE GUINÉE.

Je ne puis qu'indiquer ici cette plante, et la désigner aux agriculteurs, d'après les éloges qu'elle a reçus, comme un des plus grands trésors dont ils puissent enrichir nos contrées. Originaire de l'Afrique , si l'on en croit ces éloges, il semble qu'à raison de son utilité, la nature n'ait pas voulu la restreindre dans les limites de sa terre natale ; et que, par un effet de sa bienfaisance, elle l'a rendue propre à tous les climats. Du moins, nous dit-on qu'elle réussit à la Guadeloupe (1), à la Jamaïque , à Saint - Domingue, à la Caroline , à la Nouvelle - Angleterre , aux

---

(1) A la Grande-Terre, près la Pointe-à-Pitre, selon *Erdman Isert*, naturaliste Danois , dans son Voyage en Guinée et aux Iles caraïbes , année 1787 , page 323. *Isert* croit que cette plante est du genre des *Poa*. Je l'aurois cru de même à l'inspection de la gravure qui accompagne le mémoire du citoyen *Létang*, dans le Re-

Graminée

environs de Boston (1), enfin, au Jardin national de Paris, où elle passe, non-seulement les hivers ordinaires, mais où elle se renouvelle spontanément de ses semences après les froids excessifs ; ce qui nous acquiert la certitude complette qu'elle pourroit se naturaliser dans le département. Selon ce qu'on a publié de l'herbe de Guinée, elle offre, comme fourrage, des qualités vraiment inestimables. Elle végète avec vigueur sur le terrain le plus pierreux, le plus desseché, le plus stérile. Quelques mois lui suffisent pour s'y élever à la hauteur d'un homme, et pour former un massif de verdure parfait (2). Semée ou plantée dans le sol le plus ingrat, elle s'y perpé-

---

cueil de la ci-devant Société d'Agriculture. Cette gravure paroît exécutée avec assez de soin ; mais elle offre réellement une panicule étalée et légère, qui ne rappelle point au botaniste le genre du *Panicum*.

(1) Selon le citoyen *Létang*; Mémoire de la ci-devant Société d'Agriculture de Paris, année 1786, trimestre d'automne, pag. 90.

(2) Un développement aussi rapide tient sans doute du prodige. Cependant les inductions qu'on pourroit en tirer peut-être, se réduisent à peu de chose pour nous. C'est à Saint-Domingue, dans un des pays de l'univers où la végétation est la plus active, que l'herbe de Guinée a fait de pareils progrès. Il est à présumer qu'elle se rapprocheroit de la règle générale dans notre climat, et qu'on y observeroit un plus grand rapport entre le temps de son accroissement et le terme de sa durée.

tue sans nul engrais, sans nul travail, et rapporte le meilleur fourrage et le plus abondant que l'on connoisse. Tel est le précis de tout ce qu'on a dit du mérite de l'herbe de Guinée, que je ne puis certifier ni contredire, et sur lequel, par conséquent, il seroit inutile ou superflu d'insister. Sans doute tant de propriétés et d'avantages réunis doivent garantir l'empressement des cultivateurs, pour s'approprier les ressources que cette plante semble réserver à leur industrie; sans doute ils ne négligeront aucun des moyens de transporter dans le département ce végétal, dont l'acquisition pourroit vivifier notre agriculture. C'est de la Nouvelle-Angleterre et de Paris sur-tout, qu'on doit se procurer les semences de ce fourrage précieux· les climats chauds nous seroient, à cet égard, moins favorables.

J'ajouterai seulement que lorsqu'on se sera procuré la semence de l'herbe de Guinée, vu la petitesse de son volume, il conviendra de la répandre sur la superficie d'un sol très-ameubli, et de ne la recouvrir d'un peu de terre, qu'avec le plus grand ménagement. Il vaudroit mieux sans doute élever d'abord cette plante en pépinière, pour la répiquer ensuite dans le terrain qui lui seroit destiné.

PLANTES propres à former des prairies artificielles, dont le produit se recueille pendant le printemps, l'été et l'automne.

Auxiliaire, vivace.

L'ORTIE.

URTICA DIOÏCA. Lin. sp. pl. 1396.

ORTIE DIOÏQUE. *Lam. fl. fr.* 163.

S'il est intéressant de voir l'agriculteur user de toutes les ressources de son industrie, et chercher dans les végétaux, envisagés comme inutiles, l'aliment de ses bestiaux, il est sans doute encore plus intéressant de le voir trouver toute l'efficacité d'un semblable secours dans une plante regardée jusqu'alors comme nuisible; de le voir appeler, fixer, multiplier cette plante dans l'étendue de ses propriétés après avoir peut-être donné tous ses soins à la détruire, et sa sollicitude à l'éloigner de son habitation. Tel est le rapport sous lequel doit se présenter l'introduction de l'Ortie dans les usages de l'économie rustique.

Assurément je suis loin de présumer qu'elle devienne jamais, comme en Suède, l'objet d'une culture réglée dans le département de Lot et Garonne; mais si l'heureuse influence de notre climat nous affranchit des besoins d'un climat plus rigoureux, s'il nous procure une quantité suffisante de fourrages aussi salubres qu'abondans, il est néanmoins des pentes escarpées, des terrains isolés, qui semblent se dérober à toute autre culture, et qui pourroient être employés à celle de l'Ortie. D'ailleurs, il est avantageux de faire connoître, de célébrer toutes les conquêtes de l'industrie; elle peut en profiter dans les mêmes circonstances; et ce sont des exemples d'autant plus utiles à répandre, qu'ils inspirent naturellement le désir de les imiter.

Culture. Tous les terrains, excepté les marécageux, conviennent à l'Ortie. Les plus substancieux sont, à la vérité, ceux qu'elle préfère; mais ordinairement les plus mauvais sont ceux qu'on lui destine. Elle croît et végète bien sur les rochers décomposés, les déclivités pierreuses des côteaux exposés au midi, et parmi les ruines. Lorsqu'on veut la cultiver dans de pareils endroits, on y répand ^{deux ou trois pouces}/_{5o à 8o^{c.mt.}} de terre ; et on sème par-

dessus. Quand on répand la graine sur un sol profond, il suffit de donner un léger labour à sa superficie. On la multiplie aussi de drageons enracinés. Si l'on adopte cette méthode, on prépare la terre dans l'automne, et l'on plante sur-le-champ, après avoir rafraîchi les racines qui doivent être droites et recouvertes de terre jusqu'au collet. Il est bon

qu'il y ait, à chaque plant, ^{un pouce}/_{27^{m.mt.}} de tige en-

viron à l'air libre. Les Orties plantées de cette manière donneront, l'année suivante, une petite récolte ; la seconde année, elles produiront davantage ; mais ce n'est qu'à la troisième qu'elles seront en plein rapport. Si on sème l'Ortie, comme sa graine est très-fine, il faut la mêler avec six parties de cendres ou de poussière. Cette semaille se fait toujours en automne : il seroit nuisible plutôt qu'avantageux de chercher à recouvrir les graines ; mais on répand sur la terre, à l'entrée de l'hiver, une couche légère de feuilles d'arbres ramassées dans les bois. Cette espèce d'engrais doit aussi être employée sur les plants enracinés. On tâchera de le répéter chaque année. Les feuilles pourrissent sur le sol, et forment l'amendement qui convient le mieux à l'Ortie. Celle qu'on aura semée sera aussi en plein rapport la troisième année; mais ne doit pas être recueillie avant cette époque. Au surplus, toute la culture de l'Ortière se réduit aux engrais de feuilles d'arbres, qu'on doit lui donner à l'entrée de l'hiver. Son existence se perpétue ainsi sans autre soin de la part du cultivateur. Il laissera seulement chaque année monter en graine quelques individus, en observant de varier annuellement les places de ces sortes de baliveaux. Le vent disperse les semences, la nature les conserve et les fait prospérer.

L'Ortière ne craint aucune gêlée, et résiste à toutes les intempéries des saisons.

Récolte. L'Ortie produit plusieurs coupes. Dans un Mémoire publié par le citoyen *Servières* (1), il est dit qu'en Suède, où la culture de cette plante est très-répandue, on la fauche toutes les semaines; et quelques lignes plus bas, il réduit à quatre les coupes annuelles. J'observerai que cette contradiction évi-

____

(1) Journ. de Physique et d'Hist. Nat., tome XIX, part. I.re, pag. 106.

F 4

dente est sans conséquence relativement à notre climat, et qu'il nous suffit de savoir que
l'Ortie doit être coupée jeune, tendre et succulente, pour être donnée en vert aux bestiaux. On devra donc la faucher à de petites
longueurs, avant que ses tiges ne deviennent
dures et ligneuses.

On la fait aussi secher comme le foin.

Lorsqu'elle est vieille et en graine, ses pi-
quans, son odeur forte, et les araignées qui
font leurs toiles sur ses tiges, la rendent re-
butante et malsaine pour les bestiaux. Dans
cet état, il faut la laisser pourrir sur le sol
qu'elle engraissera, ou l'employer pour la
litière.

Usages. On ne sert jamais l'Ortie seule aux
bestiaux, parce que cette plante est très-échauffante ; mais elle produit le meilleur effet,
si on la fait entrer pour un sixième ou un
huitième dans le fourrage ordinaire. Les Sué-
dois la mêlent avec tous les alimens qu'ils
donnent à leurs bœufs ou à leurs vâches,
dont elle rend le lait plus propre à faire du
beurre excellent. Ils l'allient en toute saison
avec le treffle, la paille ou le foin, et l'employent hachée parmi le son, l'orge, ou
l'avoine, pendant l'hiver. Ils font aussi bouil-

lir de l'eau vers le soir , et la jettent dans un baquet plein d'Orties ; elles s'humectent dans cette eau toute la nuit , et le lendemain on les donne au bétail qui est à la fois très-avide de ces plantes ainsi préparées , et de leur infusion , dans laquelle on peut ajouter quelque grain de sel. On recommande sur-tout beaucoup en automne , et comme la meilleure nourriture composée , le mélange suivant. Sarrazin en fleur ou en lait , un tiers regain , la moitié sur un sixième environ d'Orties aspergées d'un peu de sel. Généralement , l'usage de l'Ortie est regardé comme très-salutaire pour les bestiaux , et passe pour un excellent préservatif contre les maladies auxquelles ils sont sujets. Il seroit à désirer que , sous ce rapport , il fût fait quelques essais dans le département de Lot et Garonne.

Auxiliaire, bisannuelle.

LA CHICORÉE.

CHICORIUM INTYBUS. Lin. sp. pl. 1142.

CHICORÉE SAUVAGE *(Cultivée.) Var.*
B. Lam. enc. méth. n.° 1.

Cette variété de la Chicorée sauvage, acquise par la culture, s'élève, ainsi que je l'ai vérifié, dans mon jardin, à $\overset{\text{huit pieds}}{2^{mt.}\ 598^{m.mt.}}$ de haut ; sa tige alors a $\overset{\text{un pouce}}{27^{mmt.}}$ de diamètre ; elle est chargée de tant de branches et d'une si grande quantité de feuilles, qu'elle surpasse en volume presque tous les arbustes et plusieurs arbrisseaux. Une telle végétation, un développement aussi gigantesque, comparés à ceux de la Chicorée sauvage ordinaire, attestent sans doute les grands avantages qu'on peut retirer de cette plante, pour la nourriture des bestiaux. Cependant ne nous laissons pas éblouir jusqu'à un certain point par cette espèce de luxe ; il est possible que la Chicorée n'acquitte jamais envers les cultivateurs la totalité de ses promesses. Selon le citoyen *Palluel*, le produit d'une seule coupe sur l'étendue d'un arpent de 3^{d.ar.} 4^{c.ar.} 16^{mt. q.} s'est élevé à 56 milliers 21^{bar.} 28^{c.}bars. pesant de fourrage ; ce qui excède de beaucoup le rapport de toutes les plantes propres aux prairies artificielles, cultivées jusqu'à ce jour : elle croît aisément sur toutes sortes de terrains, et résiste à l'intempérie des saisons ; elle est en rapport pendant huit mois de l'année ; elle augmente le lait des vâches, et ne lui communique aucune amertume ; elle paroît avec le printemps, ou plutôt elle l'annonce ; la nourriture qu'elle procure aux bestiaux est très-salubre ; des chevaux malades ont été guéris par l'usage seul de ce fourrage ; il a préservé les moutons d'une épidémie périodique (1). Mais, je dois le dire, quelques-unes de ces assertions ont été contredites, et d'autres semblent avoir été

(1) Voyez les Mémoires de la Société d'Agriculture de Paris, année 1787, trimestre du printemps, page 213, et année 1788, trimestre d'hiver, page 7.

victorieusement combattues. Il paroît que le produit de cette plante n'a pas toujours été aussi considérable, à beaucoup près, entre les mains des autres cultivateurs, que dans celles du citoyen *Palluel*. Si elle croît facilement dans les sols sabloneux et légers, on s'est apperçu néanmoins qu'elle ne végétoit vigoureusement que dans les meilleures terres et les plus ameublies ; on s'est assuré, par des expériences très-exactes (1), qu'elle n'augmentoit point le lait des vâches, qu'elle lui communiquoit beaucoup d'amertume, ainsi qu'au beurre et aux fromages qui en étoient composés.

Cependant, quels que soient ces inconvéniens, quelle que soit la difficulté de faner cette plante, difficulté avouée par le citoyen *Palluel* lui-même, quelle que soit enfin la réduction qu'elle éprouve par la dessication, sa salubrité justement présumée, sa précocité dont les cultivateurs sentiront tout le prix, la force de sa constitution qui la met à l'abri des rigueurs de l'hiver, qui la fait résister aux orages, aux grandes pluies, lui mériteront sans doute l'attention des agriculteurs,

____

(1) Elles ont été faites par le citoyen *Bourgeois*, économe de la ferme de Rambouillet.

auxquels elle présentera un fourrage vert, très-précieux dans beaucoup de circonstances.

Arthur Young, dont les ouvrages ne sauroient être assez lus, assez réfléchis, parle avec enthousiasme de la Chicorée. Il ne voit jamais, dit-il, cette plante, *cette excellente plante,* sans se féliciter d'avoir voyagé dans l'objet d'acquérir et de répandre des connoissances utiles. Selon lui, l'introduction de ce fourrage en Angleterre, quand bien même *un Lord* n'auroit fait autre chose pendant sa vie, suffiroit pour prouver qu'il n'a point vécu en vain (1).

Semée à la fin de ventôse, ou au commencement de germinal, on peut la couper deux fois la première année. Amendée par quelques engrais l'hiver suivant, elle végétera avec plus de vigueur au printemps, et l'on pourra la faucher quatre fois jusqu'à la fin de l'automne. Semée avec l'orge ou l'avoine, elle est d'abord retardée, mais donne ensuite des produits plus abondans.

Il faut la couper avant que les tiges n'aient acquis de la consistance.

Les animaux auxquels on présente la

____

(1) *Voyage en France*, tom. I, pag. 357.

Chicorée, la rejetteront d'abord à cause de son amertume naturelle ; mais, après quelques difficultés, ils ne tarderont pas à s'y accoutumer, sur-tout si on la mêle avec d'autres fourrages.

Le citoyen *Palluel* a semé la Chicorée avec la pimprenelle, le treffle et le sainfoin. Cette prairie artificielle, d'un genre nouveau, a, dit-il, parfaitement réussi ; les bestiaux en ont consommé les produits avec avidité. Mais la Chicorée n'a pas tardé à dominer les autres plantes, et la pimprenelle a été la première à lui céder le terrain.

§. I I.

PLANTES propres à former des prairies artificielles, ou qui peuvent être cultivées pour la nourriture des bestiaux, mais dont le produit se recueille ou s'emploie pendant l'hiver, en feuilles.

Tige vivace, ligneuse.

L'AJONC.

ULEX EUROPEUS. Lin. sp. pl. 1045.

LANDIER D'EUROPE. *Lam. fl. fr.* 639.

AJONC D'EUROPE. *Lam. Enc. méth. n.° 1.*

GÊNET ÉPINEUX.

THUYE.

Cet arbrisseau, cultivé dans quelques départemens comme un très bon fourrage d'hiver, pourroit nous présenter aussi dans la même saison l'un des alimens les plus salubres et les plus assurés de nos bestiaux. Il ne faudroit, à cet égard, que consulter nos besoins et vouloir profiter de nos ressources.

Culture. L'Ajonc, jusqu'ici rebuté ou peu recherché par nos cultivateurs, nous retrace l'idée de cet animal docile que l'injuste habitant des campagnes ménage si peu, oublie et néglige si volontiers, mais dont il n'est pas moins obligé de réclamer les services. Quoique destiné par la nature à se multiplier dans les sols gras et sabloneux, l'Ajonc rélégué dans les fonds médiocres ou abandonné dans les mauvais terrains, s'y fixe et s'y propage d'une manière utile. Rappelé dans des terres plus fertiles, il y forme presque sans aucun soin les meilleures clôtures qui puissent protéger nos héritages. Enfin, quels que soient pour lui l'indifférence ou le mépris des agriculteurs, il semble encore se trouver trop heureux de végéter à l'écart et dans la disgrâce, pourvu qu'on le laisse croître; il offre à nos bestiaux une nourriture souvent précieuse, et que l'économie rurale ne devroit jamais dédaigner.

Cependant, pour augmenter le fourrage que l'Ajonc, employé en haye vive ou venu sans culture, produit naturellement, on l'élève de ses semences. Il faut, à cet égard, labourer la terre pendant le printemps et l'été,

en automne l'ameublir autant qu'il est possi·
ble, puis la niveller, et répandre la graine
qu'on aura cueillie sur les pieds les plus élevés. Cette graine doit être lustrée, noire et
pesante. Après l'avoir recouverte, sarclez au
bout de quelques mois les herbes qui pourroient croître dans le semis avec trop d'abondance; toute la culture de l'Ajonc se réduit
à ce travail. Lorsqu'on s'apperçoit que cette
espèce de prairie artificielle commence à dégénérer, et que ses productions s'affoiblissent, il faut se hâter de la défricher pour la
rétablir, ou mieux encore pour lui substi-
tuer quelque autre plante équivalente, si le
blé, l'orge, ou l'avoine ne peuvent encore
la remplacer.

On ne doit pas attendre de grands succès
de la transplantation de l'Ajonc : sa reprise
est difficile.

Récolte. Dès la première année que l'Ajonc
est semé, on peut commencer à le faucher
à la fin de l'automne, temps où les fourrages verts diminuent; à partir de la même époque, jusques en ventôse, on pourra le faucher cinq à six fois chaque année. Mais on
aura toujours l'attention que ce soit lorsque
les boutons des fleurs commencent à s'ouvrir;

F

si l'on attendoit leur développement, le fourrage seroit trop dur, les bestiaux ne pouvant
le consommer, on le recueilliroit en pure
perte. Sur les vieux pieds isolés, ou formant
des clôtures, on peut tondre l'extrémité des
branches et les rejets, avec le croissant ou
des ciseaux de jardinier. L'Ajonc est d'une
ressource infinie sur-tout dans les années de
sécheresse, où les autres fourrages ont man-
qué, parce qu'il ne craint pas plus l'ardeur
des étés que les gêlées de l'hiver : le temps
où il offre la meilleure nourriture au bétail,
est en nivôse et ventôse, lorsqu'il est prêt
à fleurir ; on sent combien alors cette ressource est précieuse.

Usage. Aussitôt que l'Ajonc est fauché,
on peut le donner aux bestiaux sans être
obligé de recourir aux précautions indispensables pour laisser exhaler les eaux surabon-
dantes de plusieurs autres herbages, ou les
empêcher de fermenter. Mais comme la nature ne donne rien à l'agriculteur sans travail, il est nécessaire de briser les épines dont
la plante est hérissée, et qui nuiroient aux animaux ou qui les rebuteroient. Plusieurs procédés sont mis en usage dans divers pays,

pour obtenir, à cet égard, le même résultat. On se contente quelque fois de tordre les brins, paquets par paquets, avant de les présenter aux animaux. Quelque fois aussi, on étend le fourrage sur la terre, et l'on passe par-dessus une meule ou un cylindre de pierre pour l'écraser. De toutes les machines qu'on a inventées pour perfectionner cette opération, celle qui me paroît la meilleure, consiste en un pilon armé dans sa partie inférieure de plusieurs lames tranchantes, et qui, mû par une bascule, agit dans un baquet où l'on met l'Ajonc. Un enfant peut faire mouvoir cette bascule, si l'on augmente la longueur du lévier. Une latte élastique peut remplir le même objet. Dans les déparmens formés de la ci-devant Bretagne, on brise l'Ajonc avec des maillets sur des pierres ou des blocs de bois : cette méthode est la plus simple.

Aucun fourrage ne peut être préféré à l'Ajonc pour les qualités alimentaires. Nul ne contient, sous le même volume, autant de substance nutritive, si, comme on l'a dit, $\frac{25 \text{ ou } 30 \text{ livres}}{12 \text{ ou } 15^{\text{graves}}}$ de ce fourrage équivalent à

cent livres
48gv. 915gvt. d'herbe de pré (1). Il engraisse les bœufs et les moutons, et fortifie les chevaux qui s'en nourrissent. Enfin, l'un des avantages de l'Ajonc est la propriété dont il jouit, comme toutes les plantes vivaces, légumineuses, de bonnifier à la longue les terres stériles sur lesquelles il est cultivé.

CHOU CAVALIER.

BRASSICA OLERACEA. (Silvestris). Lin. sp. pl. 932.

CHOU ARBORESCENT. *Var. I. Lam. fl. fr.* 515.

CHOU VERT EN ARBRE. *Lam. Dict.* N.° 2 *Var. B.*

CHOU CHÈVRE.

Toutes les espèces de choux, peuvent servir à la nourriture du bétail, et sont, pendant l'hiver, très-utiles sous ce rapport à l'éco-

---

(1) Selon un Auteur qui paroît très-digne de foi, le citoyen *Gilbert.* Mémoires de la ci-devant Société d'Agriculture de Paris, 1788, trim. du printemps, page 99.

conomie champêtre. Mais le Chou cavalier, à la fois vivace, facile à cultiver, et parvenant à la hauteur d'un arbrisseau, mérite, à tous égards, la préférence.

Culture. On le sème en pépinière, depuis germinal jusqu'à la fin de prairial ; on le transplante ensuite. Il croît assez bien dans les terres médiocres, pourvu qu'elles ayent été couvertes de bons engrais ; mais il s'accomode mieux des fonds gras, sablonneux et un peu humides. Ne plantez point ces jeunes Choux avec le piquet ; tracez des rayons où vous les placerez à $\overset{\text{deux pieds}}{6^{\text{d.mt.}}49^{\text{m.mt.}}}$ de distance. Recouvrez leurs racines avec du fumier, puis étendez la terre sur ce fumier, ensorte qu'ils soient couverts jusqu'auprès des feuilles, et qu'il règne, entre chaque rang, un petit sillon qui leur soit parallèle ; donnez de temps en temps quelques légers labours à la bêche et à la charrue ; dans le premier de ces labours, nivellez le terrain : le Chou cavalier n'a pas besoin d'autre culture. Ce Chou vivra dans les sols pierreux et maigres, depuis quatre ans jusqu'à six ans ; dans les bons fonds, il subsiste moins long-temps ; mais il atteint quelque fois, dit-

F 3

on, de ^{six à dix pieds} 1^{mt.}948^{m.mt.} à 3^{mt.}298^{m.mt.} de haut , et produit des rameaux, comme un petit arbre. La culture réglée du Chou cavalier suppose des clôtures ; dans les champs ouverts, il est exposé à être dévoré de bonne heure par les bestiaux , qui sont très-friands de ses feuilles.

On sème quelquefois la graine du Chou cavalier avec celle du chanvre. Lorsqu'on arrache cette dernière plante , les Choux paroissent sur le terrain , et se transplantent à l'entrée de l'hiver ; élevés de cette manière, ils semblent moins sujets à monter en graine au printemps suivant On les plante quelque fois à la charrue. Enfin , on les a multipliés de bouture , et même greffés avec succès.

Récolte. Elle n'est difficile ni fatiguante ; elle ne consiste qu'à détacher et recueillir les feuilles les plus basses , lorsque les tiges commencent à grossir, en continuant jusques vers le sommet , à mesure que la plante acquiert de l'élévation. Les feuilles se renouvellent quelque fois pendant long-temps , et dans les années pluvieuses cette récolte est très-abondante.

Usage. La dépouille du Chou cavalier est aussi profitable aux bestiaux, pendant l'hiver, qu'elle leur est agréable. Ils s'en nourrissent avec avidité. Elle les maintient en bon état, et les engraisse facilement ; sur-tout si après une demi-cuisson, on l'assaisonne avec un peu de son, et quelques grains de sel. Ce Chou doit éprouver, sans doute, le sol qui le nourrit, quoique sa vigoureuse végétation trouve des ressources dans les engrais et de grands secours dans les météores. Il offre quelques variétés, dont la principale est moins élevée, mais se distingue par l'ampleur et la consistance de ses feuilles.

LA GRANDE PIMPRENELLE.

SANGUISORBA OFFICINALIS. Lin. sp. pl. 169.

PIMPRENELLE OFFICINALE. *Lam. fl. fr. 931.*

La Pimprenelle, ainsi que toutes les plantes qui composent cette section, offre un fourrage succulent aux bestiaux pendant l'époque la plus rigoureuse de l'année Comme toutes ces plantes, elle forme la chaîne de verdure qui lie l'automne et le printemps elle continue la saison qui s'enfuit, et pré-

F 4

pare la saison qui s'avance ; mais elle se distingue et se recommande aux yeux des agriculteurs, par la faculté qu'elle a de croître, même de prospérer, dans les sols montueux, les plus ingrats et les plus arides.

Culture. En général, les terres à sainfoin, et qui manquent de fonds, doivent être cultivées en Pimprenelle. Ce n'est pas cependant que cette plante ne donnât des rapports plus considérables dans de meilleurs sols, mais une bonne agriculture les réserve pour des plantes plus précieuses ; et le premier axiôme du premier des arts utiles, est de rappeler chaque espèce de terre à sa véritable production. Les terrains légers, sablonneux, pierreux, superficiels, seront donc naturellement dévolus à la Pimprenelle, qui semble déjà, par droit de conquête, les occuper d'avance. Plus ces terrains auront été labourés, plus ils seront ameublis avant d'être semés, plus la végétation de la Pimprenelle sera vigoureuse et lucrative, sur-tout si la graine est récente et bien choisie. On la sème ordinairement depuis germinal jusqu'en messidor, et même jusqu'en brumaire ; mais si l'on en croit certains agriculteurs, on regardera le courant de prairial comme l'époque

la plus favorable. Je ne vois pas néanmoins
la raison qui pourroit empêcher de donner
toujours, à cet égard, la préférence à l'automne.
La Pimprenelle ne craint point les rigueurs
de l'hiver, et n'exige aucune des précautions
indispensables pour les plantes délicates. Un
plus long délai procureroit la faculté de mieux
préparer la terre, et n'obligeroit pas de consacrer à ce travail un temps que des occupations multipliées et de première nécessité,
rendent précieux à l'agriculture. Comment donc
ne regarderoit-on pas, au moins dans notre
climat, l'automne comme la meilleure saison
pour ensemencer la Pimprenelle ? Quoi qu'il
en soit, il est universellement reconnu que
cette plante doit être semée très-clair. Une
prairie où les graines avoient été placées à
trois pieds de distance, paroît même avoir
donné des produits plus considérables que
d'autres prairies où les graines avoient été
plus rapprochées. Malgré l'épreuve qu'on dit
en avoir faite, je ne saurois cependant con-
seiller d'adopter cet éloignement, qui me
semble exagéré, et devoir employer beaucoup de terrain en pure perte. On peut semer
en général la Pimprenelle très-claire, sans ou-
trer la mesure. D'ailleurs, il est une règle

dont il ne faut jamais s'écarter : dans le bon terrain , épargnez la semence; s'il est médiocre , s'il est mauvais, répandez-la avec plus ou moins d'économie , ou bien avec profusion. En admettant ce principe sur la manière d'ensemencer la Pimprenelle , cette règle suffit.

Il est une autre méthode de multiplier la Pimprenelle, dont plusieurs agriculteurs étrangers disent s'être bien trouvés. D'après leur procédé, on sépare les œilletons ou drageons enracinés des vieilles souches; on diminue la longueur de leurs racines quand on le juge utile , et on les plante séparément dans une terre préparée à cet effet. Une pareille méthode est plus coûteuse que la première , mais peut avoir aussi ses avantages : elle se pratique à l'entrée ou à la fin de l'hiver.

On dit encore qu'une bonne manière de tirer parti de la Pimprenelle, est de la semer avec le blé noir , ou le sarrazin. Ce dernier, ajoute-t-on , couvrira les frais de culture, et devant être coupé de bonne heure , ne nuira point à la Pimprenelle qui lui survivra. Il est certain que celle-ci étant destinée à fournir une plus longue carrière , souffrira peu de cette association , parce qu'elle aura le temps de reprendre des forces. J'observe cependant que le sarrazin viendroit mal, ou ne viendroit point, dans la plûpart des terrains qu'on doit destiner à la Pimprenelle.

Enfin, si l'on a, dans l'étendue de sa propriété, des sols pleins de cailloux, des rochers, des friches, qui semblent se refuser à toute espèce de rapport, il faudra remuer la terre par-tout où ce sera possible, et y jeter des semences de Pimprenelle. Cette plante s'emparera du local, et de stérile qu'il étoit auparavant, il pourra devenir un pâturage où les troupeaux trouveront une nourriture du moins agréable et salutaire, si elle n'est pas très-abondante.

Les champs plantés ou semés en Pimprenelle, ne demandent d'être sarclés que la première année. Cette plante, d'une constitution vigoureuse, étouffe bientôt, elle-même, les herbes qui pourroient la gêner, et n'exige ensuite aucune sorte de culture.

Il est néanmoins indispensable, la première année, d'interdire jusqu'au printemps, aux troupeaux, l'entrée d'un champ de Pimprenelle. Les moutons la détruiroient infailliblement. Si au printemps la Pimprenelle végète avec vigueur, on pourra la laisser brouter;

elle tallera mieux et produira davantage.

La Pimprenelle, semée avec les plantes qui doivent former les prairies naturelles, augmentera, dit-on, beaucoup la valeur de ces prairies.

Récolte. Comme toutes les plantes vivaces, la Pimprenelle produit peu la première année ; tout l'avantage qu'elle procure, se réduit aux ressources momentanées qu'elle peut offrir aux troupeaux, lorsqu'on croit pouvoir leur permettre de la pâturer sans inconvénient, depuis le printemps jusqu'à la fin de l'automne ; et ensuite, depuis pluviôse jusqu'en germinal, toujours avec le même ménagement et la même prudence. La Pimprenelle croît alors jusqu'au milieu ou jusqu'à la fin de prairial ; parvenue à ce terme, on la fauche pour la première fois. La seconde coupe se fait le plus souvent en vendémiaire. Cette plante dure ainsi six à sept ans en plein rapport, sans exiger d'autre travail que le sarclage, dont j'ai parlé plus haut. Il seroit superflu de s'arrêter ici sur les précautions qui doivent être prises lors de sa récolte, et après l'avoir effectuée ; il en est de la Pimprenelle comme des autres plantes propres aux prairies artificielles. Tous les détails re-

latifs à leur exploitation, et à la conservation de leur fourrage, leur sont communs.
J'ajouterai seulement qu'il ne faut point laisser trop secher la Pimprenelle sur le sol après
l'avoir fauchée; elle perdroit de ses qualités
nutritives, en acquerroit peut-être de nuisibles, et les bestiaux la rejetteroient. On doit
donc l'enfermer avant sa parfaite dessication,
et ne négliger aucun des procédés ci-dessus
indiqués pour le treffle.

Usages. La Pimprenelle est recommandable
par le double avantage de procurer aux bestiaux un fourrage vert, lorsque le froid suspend toute végétation dans les campagnes,
et lorsqu'en été l'extrême chaleur et la sécheresse, par un excès contraire, opèrent le
même effet. Si sous ce seul rapport, il semble déjà nécessaire que dans chaque propriété
rurale il y ait toujours quelque portion de
terrain cultivé en Pimprenelle, il ne paroît
pas moins utile de multiplier ce fourrage à
cause de sa salubrité, de son influence sur
la santé des bestiaux, qui s'en nourrissent;
enfin, de la propriété qu'il a d'augmenter le
lait des vâches, et de produire un beurre
excellent. A tant de qualités qui doivent rendre la culture de la Pimprenelle très-impor-

tante pour le département, il suffit d'ajouter qu'elle fertilise les plus mauvais terrains, et les dispose à rapporter de bonnes récoltes. Je ne m'arrêterai point à discuter les reproches qui ont été faits à cette plante, par quelques agriculteurs ; il paroît prouvé, dans un mémoire du citoyen *Lefevre*, publié dans la collection de la société d'agriculture, année 1787, trimestre d'hiver, qu'une partie de ces reproches n'étoit pas fondée, et que l'autre étoit occasionnée par des erreurs commises sur la véritable espèce de Pimprenelle qu'il convient de cultiver. Lorsqu'on veut se procurer cette plante, il faut avoir l'attention de demander la semence de la grande espèce, le produit de la petite étant presque nul.

Tiges bisannuelles.

CHOU A FAUCHER.

Quoiqu'il soit inutile, et même superflu, pour les cultivateurs, d'avoir des connoissances botaniques très-étendues, les principes élémentaires de cette science ne devroient jamais leur être totalement étrangers. Si l'auteur du mémoire qui, le premier, a fait connoître en France le Chou à faucher, avoit seulement consulté les botanistes, il n'auroit pas annoncé cette plante comme une espèce bien caractérisée, puisqu'elle ne constitue qu'une variété du chou navet (1). Il importe toujours à l'agriculteur d'être fixé sur les plantes qu'il cultive ; il lui importe sur-tout de l'être sur celle qu'on lui recommande ici, comme un excellent fourrage ; parce qu'à défaut du Chou à faucher, qu'il faudroit peut-être tirer d'Allemagne, il est à présumer qu'au moyen d'une culture analogue, il obtiendroit à-peu-près les mêmes avantages du chou navet. J'ai cru devoir le prévenir à cet égard sur les résultats qu'il peut attendre de l'expérience.

---

(1) *Brassica oleracea napobrassica*, Var. 2, *Lin. sp. pl.* 932. Il est bon d'observer que le citoyen *Lamarck* donne à la fois le nom du chou navet au *brassica napus* de *Linné*, qui constitue une espèce particulière, et au *brassica oleracea napobrassica* du même auteur, qui n'est qu'une variété du chou potager. Ainsi s'augmente la confusion, déjà trop grande, dans les nombreuses variétés et sous-variétés des espèces de ce genre très-anciennement cultivées. En conservant le nom de chou navet ou *brassica napus*, je proposerois d'appeler le *napobrassica*, chou napiforme, navétiforme, ou simplement navetin. Au reste, les deux choux navets du citoyen *Lamarck* produisent également une racine tubereuse et renflée ; mais ils se distingueront facilement par la seule inspection des feuilles : le *brassica napus* les a rudes comme celles de la rave ; le *napobrassica*, dont il est ici question, les a douces et onctueuses comme celles du chou potager.

Culture. La meilleure culture à donner au chou à faucher, d'après le mémoire cité, consiste à le semer en ventôse, sur un terrain fumé, et qui doit être parfaitement applani pour faciliter l'action de la faux au temps de la récolte. Ce chou s'accommode des terres qui conviennent au navet; il est même, à cet égard, moins difficile que ce dernier, et vient assez bien dans les terrains médiocres. Sa végétation est si prompte, qu'il triomphe de toutes les herbes étrangères, et qu'il n'a nul besoin d'être sarclé, si ce n'est lorsqu'on juge à propos de renouveler la terre auprès des racines, ou d'ameublir sa superficie. Il doit être semé très-clair. On pourroit même, lorsqu'il paroîtra sur le sol, arracher une partie des jeunes individus, et ne laisser subsister que ceux qui se trouveroient à huit ou dix pouces $2^{d.mt.}$ $16^{m.mt.}$ ou $2^{d.mt.}$ $70^{m\ mt.}$ de distance, le produit des récoltes en seroit plus considérable. Tel est le précis de ce qu'on a publié en France sur la culture du Chou à faucher. Quoique cette culture me soit inconnue, et qu'il ne puisse par conséquent m'être permis d'y rien ajouter, j'observerai cependant que le chou à faucher, paroissant bien supporter

porter

porter les hivers, et végéter même sous la neige avec assez de vigueur, il seroit peut-être avantageux d'apporter, dans notre climat, quelques changemens au temps des semailles, et sur-tout d'en retarder l'époque. Dans cette idée, j'inviterai les agriculteurs à tenter des essais qui, sans doute, leur seront avantageux.

Récolte. On recueillera les premières feuilles du Chou à faucher, lorsqu'elles auront atteint la longueur de dix à douze pouces.

$$2^{\text{d.mt.}}\ 70^{\text{m.mt.}} \text{ à } 3^{\text{d.mt.}}\ 24^{\text{m.mt.}}$$

de six en six décades environ; on peut ensuite continuer cette récolte périodique jusqu'à l'entrée de l'hiver. Selon l'auteur du mémoire, le produit de cette plante devient alors moins considérable. Selon un autre auteur (1), les feuilles du Chou à faucher se renouvellent même sous la neige, tous les quinze jours pendant cette saison; ce qui, je l'observe en passant, dépend de l'époque où la plante a été semée, et doit nous engager d'autant plus à retarder cette époque dans notre climat. On

---

(1) *Lueder*, ministre protestant, l'un des plus habiles cultivateurs de l'Allemagne. Lettres sur la culture d'un jardin potager, tom. I., pag. 317.

G

emploie la faux ou la faucille, pour moissonner les feuilles, et l'on fait attention de ne point altérer le cœur de la plante, qui ne repousseroit ensuite que par des rejets. On fait aussi faner ou secher ses feuilles, soit au soleil, soit à la chaleur du four, quelques momens après en avoir retiré le pain. Elles se conservent ainsi, pour être employées dans le cours de l'hiver.

Usages. Les feuilles du Chou à faucher fournissent un très-bon aliment pour les hommes, et une excellente nourriture pour les animaux. Celles qui auront été fanées ou sechées, tenues dans l'eau pendant 12 heures, 5 heures, reprennent presque toute leur consistance et toutes leurs propriétés. Mêlées alors avec du fourrage sec, les bestiaux les consomment avec autant de profit et d'avidité que si elles venoient d'être cueillies.

Racines pivotantes.

LA CARROTE.

DANCUS CARROTA. Var. B. Lin. sp. pl. 348.

CARROTE COMMUNE. *Lam. fl. fr.* 1011.

Cette plante étant fortement recommandée depuis quelque temps pour nourrir les bestiaux pendant l'hiver, et sa culture ayant pris faveur dans certains départemens, j'ai cru devoir exposer aux yeux de nos agriculteurs, le précis de tout ce qu'on a publié sur les moyens de l'utiliser dans l'économie rurale.

Culture. La carrote ne fait aucun progrès dans les sols argileux et compactes ; mais elle réussit parfaitement dans les terrains sablonneux et humides, sur-tout lorsqu'ils ont reçu des engrais, et qu'ils sont bien ameublis. Plusieurs labours, dans différentes saisons, doivent donc précéder son établissement dans les terrains qu'on lui destine. On sème en pluviôse et germinal, et depuis messidor jusqu'en thermidor et fructidor. Les semences qu'on confieroit à la terre dans l'intervalle de ces deux époques, seroient sujettes à produire des individus qui monteroient trop vîte en graine, et ne donneroient point de racines. Les carrotes, semées en messidor, pourront être recueillies à la fin de l'automne. On profitera, pendant l'hiver et le printemps, de celles qui auront été semées quelques décades plus tard.

Lorsque ces plantes commencent à paroître sur le terrain, on observe que les herbes étrangères, loin de leur être nuisibles, sont utiles à leur accroissement. Il ne faudra donc pas se hâter de détruire ces herbes protectrices, avant que les carrotes se soient assez fortifiées pour se défendre elles-mêmes des rayons du soleil. Alors, vous sarclerez le semis, et vous arracherez une partie des individus qui se trouveroient trop rapprochés. Quelque temps après, vous renouvellerez ce travail, et vous acheverez d'espacer les individus, selon que vous le jugerez convenable ; on ne fixe rien à cet égard, parce que le volume des carrotes étant toujours en raison de leur éloignement respectif, c'est au cultivateur à calculer s'il lui est plus avantageux de re-

eueillir un moindre nombre de grosses racines, ou une plus de grande quantité de
petites.

D'autres sarclages succéderont, de temps
en temps, aux deux premiers. Il faut avouer
que ces soins, presque assidus et nécessaires,
doivent restreindre naturellement la culture
des carrotes sur chaque propriété rurale, dans
une médiocre étendue de terrain; cependant
il est peu de travaux, dans l'économie champêtre, qui puissent être mieux recompensés
que ceux que l'on prodigue à une plante d'un
rapport si lucratif; semée dans une terre qui
lui convient, elle ne redoute point l'intempérie des saisons, et donne un produit d'autant plus considérable, qu'elle présente, à volume égal, plus de substance nutritive, à
beaucoup près, que la plûpart des autres
plantes (1)

Récolte. Lorsque les carrotes ont atteint
toute la grosseur qu'elles doivent acquérir,
on les arrache à la bêche, ou plus éco-
nomiquement, avec une charrue à petit

(1 Selon *Arthur Young*, les qualités alimentaires des turneps, sont, à celles de la carrote, à-peu-près dans le rapport
d'un à deux.

G 3

soc, qu'on promène lentement dans la terre à deux décimètres environ *quelques pouces* de profondeur. Quoique plus longue et plus coûteuse, la première méthode me paroît préférable, en ce qu'elle forme un excellent labour pour les récoltes subséquentes, et qu'on ne risque point d'endommager ou de mutiler les racines, sur-tout si l'on se sert de la pioche à deux dents, connue en ce pays, sous le nom vulgaire de *becat*; cependant, il convient de consulter l'expérience avant de nous décider sur le meilleur de ces procédés, qui pourroient être relatifs à la nature du terrain, ou à d'autres circonstances locales.

Lorsque les carrotes sont recueillies, on les transporte à couvert en un lieu sec, ou on les conserve dans le sable jusqu'à ce qu'on ait besoin de les employer. Quoique certains agriculteurs soient dans l'usage de couper les feuilles des carrotes pour les donner au bétail, je n'ai pas cru devoir rappeler cette opération, encore moins la prescrire, parce qu'elle nuit à la végétation de la racine, et l'empêche de prospérer. Cette moisson, ne devant se répéter qu'une fois, est d'ailleurs une assez médiocre ressource.

Usages. Je l'ai déjà dit, la carrote est un des alimens les plus substancieux dont on puisse nourrir les bestiaux. C'est celui peut-être qui les engraisse le plus sûrement et le plus promptement. On a dit aussi qu'il leur donnoit beaucoup de vigueur ; mais cette propriété lui est contestée. Quoi qu'il en soit, il n'en est pas de même de sa salubrité. On paroît convenir généralement qu'aucune nourriture n'est plus propre à l'entretien de la santé des bestiaux et ne les préserve plus efficacement des maladies.

L'usage de cette plante augmente le lait des vâches. Il communique à leur lait, ainsi qu'au beurre, qui en est composé, un goût très-agréable.

La culture des carrotes peut occuper les jachères, et servir pour alterner dans les cours des moissons : comme toutes les plantes pivotantes, elle n'éfrite point la superficie du terrain.

LE PANAIS.

PARTINACA SATIVA. Var. B. Lin.
sp. pl. 376.

LE PANAIS CULTIVÉ. *Lam. fl.
fr.* 1050.

Mêmes terres, même culture, mêmes usages, mêmes propriétés que la carotte. J'ajouterai seulement qu'on accuse le Panais d'affoiblir les chevaux qui s'en nourrissent, de les rendre sujets aux fluxions, et de relâcher sensiblement leur fibre musculaire ; si ce reproche est fondé, on devroit faire consommer de préférence ces plantes aux bestiaux destinés à l'engrais, et les donner avec ménagement à ceux qui vivent dans l'exercice journalier d'un travail pénible.

De tous les effets, plus ou moins extraordinaires que l'ignorance ou la crédulité ont attribuée à certaines plantes sur l'économie animale, il n'en est guère de plus singulier que celui qu'on rapporte au Panais sauvage, et dont il est fait mention dans le vingt-cinqúième numéro de la feuille du cultivateur, quatrième année, page 151. Selon une lettre du citoyen *Latour-Daygues*, publiée dans cette feuille, on vit sortir tout-à-coup, vers neuf heures du soir, l'entière communauté des capucins de *Sisteron*, se tenant par la main, dansant, gesticulant et *faisant mille extravagances* dans les rues. Cet événement, dont on ignoroit la cause, ayant excité la curiosité publique, on apprit que les capucins avoient soupé avec une espèce de Panais, que le frère cuisinier, le seul qui ne dansât point, avoit cueilli dans la campagne. Enfin, l'auteur ajoute qu'il y a réellement, dans son pays, un Panais qu'on y nomme *pastenargue dansarelle*, et que l'événement, qui date du commencement de ce siècle, y passe pour constant. Cependant si ce fait est vrai, ce n'est à l'influence d'aucune espèce de Panais, qu'il faut attribuer l'humeur dansante des capucins de *Sisteron*. On ne connoît, non-seulement point de plante dans le genre du Panais qui puisse être soupçonée de produire un tel effet; mais, comme il est dit dans le numéro suivant de la même feuille du Cultivateur, il n'existe dans ce genre aucune espèce vénéneuse et malfaisante. Pour expliquer cette rare aventure, il faut nécessairement avoir recours à quelque autre plante de la famille des ombélifères, qu'on aura prise pour un Panais; l'anecdote, que j'ai cru pouvoir rappeler ici, ne doit donc laisser subsister nulle appréhension dans l'esprit de ceux qui pourroient redouter les chances d'une méprise; et l'usage du Panais, soit en économie rurale, ou domestique, ne peut souffrir aucune difficulté.

Je terminerai cet article en rapportant un principe établi par les botanistes au sujet des ombélifères (1). D'après ce principe, dont la connoissance pourroit n'être point sans utilité pour l'agriculteur, toutes les plantes de cette famille, qui croissent naturellement sur les hauteurs, dans les endroits secs ou découverts, peuvent être employées, sans danger; et toutes celles qui viennent spontanément dans les lieux bas, aquatiques, ombragés, sont des poisons, ou doivent au moins être suspectes.

______

(1) On nomme plantes ombélifères, celles dont les fleurs sont disposées sur de longs pédoncules qui aboutissent à un centre commun, et qui, dans leur régularité, représentent assez bien les rayons d'un parasol: la carotte, le panais, le cerfeuil, le persil, la ciguë, sont des ombélifères.

En feuilles et racines.

Racines pivotantes.

LA BETTERAVE.

BETA VULGARIS. Var. Z. (Cicla).
Lin. sp. pl. 322.

BETTE COMMUNE. *Var. A. (Poirée blanche). Lam. Enc. méth.* n.° 1.

BETTERAVE CHAMPÊTRE.

TURLIPS.

La Betterave, mal désignée sous les deux dénominations contradictoires de racine de *disette* ou *d'abondance*, célébrée par les citoyens *Thosse*, *Commerel*, et d'autres Agronomes, paroît être dans quelques circonstances avantageuse à multiplier pour la nourriture des bestiaux. N'ayant fait ni recueilli aucune observation nouvelle sur cette plante, n'ayant à donner sur sa culture ou ses usages économiques, aucune notion particulière, j'ai cru ne pouvoir mieux m'acquitter envers mes compatriotes, à cet égard, qu'en réclamant les lumières et l'expérience du citoyen *Lacuée* l'aîné, qui cultive la Betterave en grand depuis plusieurs années. Ce citoyen, empressé de concourir à tout ce qui peut être utile, a bien voulu m'autoriser à rapporter ici le mémoire suivant, qu'il a composé sur la culture et les usages de la Betterave champêtre. Cet ouvrage, déjà publié dans le recueil de la ci-devant société d'agriculture, peut être d'ailleurs envisagé comme l'apanage du département de Lot et Garonne; et il sera d'autant plus avantageux de le faire connoître, et de le répandre dans nos campagnes, que tous les détails qu'il renferme sont appropriés à notre économie rurale, ou relatifs à notre climat.

« J'ai cultivé, dit le citoyen *Lacuée*, aux environs d'Agen, en 1786, 1787 et 1788 (1), la Betterave champêtre; j'en ai toujours été très-content. C'est une des plantes les plus utiles que je connoisse; sa feuille est très-précieuse, tant pour la nourriture des hommes que pour celle des animaux, et elle n'est pas sujette à être rongée par les insectes,

____

(1) Ce Mémoire a paru dans le trimestre d'hiver 1789, page 105.

comme la feuille des choux, du colsa, de
la rave, etc. Dans le moment présent, premier novembre 1788, presque toutes les autres plantes potagères ne présentent que les
côtes, tout le reste des feuilles a été dévoré
par les limaçons, chenilles, etc. La Betterave champêtre seule a resté intacte. Lorsque, comme dans le cas présent, toutes les
autres plantes potagères nous manquent, la
feuille de la Betterave champêtre nous sert
à faire la soupe des valets de peine et des
manœuvres. On a soin d'en tempérer la fadeur
avec un peu d'oseille, et on en fait une fort
bonne soupe aux herbes. Au moyen de cette
feuille on économise tous les ans cinq ou six
sacs de fèves ou autres légumes, pour ce seul
objet. L'économie est bien plus grande relativement à la nourriture des poulets, canards,
dindons, etc. On hache la feuille de Betterave
champêtre et on la mêle avec un peu de son;
on leur en donne le matin et le soir, et dans
le cours de la journée on répand en abondance la feuille de Betterave dans la cour de
la ménagerie. Il n'en reste que les plus grosses côtes. Au moyen de ce, on ne donne du
grain à tous les oiseaux de basse-cour que
que quand on les met en volière, peu de jours

avant de les tuer. Je fais donner à mes cochons un peu de son, matin et soir ; pendant le reste du jour on garnit leur auge de feuilles de Betterave champêtre, qu'ils préfèrent à toutes les autres herbes, et les mangent sans autre préparation. Elle entretient leur appétit, les tient frais, et les met en chair. Au commencement de novembre, on commence à les engraisser avec la racine de Betterave champêtre, qu'ils mangent encore plus goulument. J'en engraissai ainsi en 1786. Je ne leur donnai presque pas d'autre nourriture. J'avoue qu'ils avoient moins de lard que quand ils sont engraissés avec du gland et du grain, mais aussi ils avoient plus de graisse. En 1787, je leur faisois faire alternativement un repas avec la racine de la Betterave champêtre, et un autre avec du grain ; ils eurent autant de lard qu'ils en ont quand ils sont engraissés à l'ordinaire, et sur-tout beaucoup de graisse. J'use, dans ce moment-ci, du même expédient pour mes engrais de 1788. Mes bestiaux préfèrent également la Betterave champêtre à toute autre nourriture, ils ont sur-tout un goût décidé pour la racine de cette plante ; ils mugissent lorsque le bouvier entre avec sa corbeille pleine de racines, et font des efforts très-violens pour se détacher de la crèche : ils quittent même le son pour cette racine, mais on doit avoir soin de la bien hacher. La négligence d'un de mes bouviers, à cet égard, faillit être funeste à un de mes bœufs. Un gros morceau de racine de Betterave s'arrêta dans son gosier ; je fis appeler le Médecin vétérinaire, qui fut obligé de lui enfoncer une baguette dans le gosier pour faire descendre le morceau dans l'estomac ; s'il eût tardé une heure à le secourir, il seroit mort étouffé...... Personne ne peut se dissimuler l'utilité de cette plante ; mais bien des personnes craignent les frais de culture, et ne veulent pas, à raison de ce, y donner leurs soins ; on peut diminuer beaucoup ces frais, on peut d'abord se dispenser de transplanter. J'ai éprouvé que les plantes qui n'ont pas été transplantées, viennent aussi belles, et peut-être même plus belles que celles qu'on sème en pépinière pour les transplanter. Ensuite on économise ce qu'il en coûte pour les transplanter, et on met à profit la première récolte de feuilles qui se perd quand on transplante. On peut suppléer avec l'araire au travail de la bêche, par ce moyen on diminuera encore les frais par moitié. Pour cela il faut donner d'abord à la terre les labours convenables pour la rendre bien meuble, et la disposer en rayons bombés, éloignés l'un de l'autre d'environ trois pieds, comme on le pratique ici pour le blé d'Espagne ou maïs; on émottera la partie la plus élevée du rayon; une femme ou un enfant feront sur cette partie la plus élevée de petits trous avec un plantoir ou avec le doigt, ces trous doivent être vis-à-vis les uns des autres; ils auront un pouce ou un pouce et demi de profondeur et seront éloignés l'un de l'autre de 18, 15 ou 12 pouces, selon que le terrain est bon, médiocre ou mauvais; la même personne place dans chaque trou deux ou trois graines de Betterave champêtre et comble le trou (il est nécessaire de mettre plusieurs graines de Betterave champêtre dans chaque trou, parce que toutes les graines ne lèvent pas). Quand toute la Betterave champêtre est bien née, on en arrache les herbes parasites et les plantes superflues, et on la travaille avec l'araire jusqu'à deux ou trois pouces de la racine, comme l'on fait pour le maïs et pour les fèves, quand on n'en sème qu'une rangée sur chaque sillon. On emploiera la bêche ou la binette

binette pour travailler le pied de la plante, toutes les fois qu'on passera l'araire dans les côtés du rayon. On n'aura pas besoin de déchausser les plantes avec la spatule (1) : la terre de la partie la plus élevée de la plante, entraînée par son propre poids, tombera peu-à-peu dans la partie inférieure du sillon. Les frais de culture seront réduits à très-peu de chose ; ils seront les mêmes que ceux qu'exige la culture du Maïs ; et le produit de la Betterave champêtre est au moins quadruple de celui du Maïs. On peut arracher la Betterave champêtre à la fin d'octobre, et semer du blé sur le champ qui l'a produite, après y avoir donné un ou deux labours, si la saison le permet ; si non on fera comme l'on fait dans les champs semés de Maïs, quand la saison ne permet pas de les travailler avant d'y semer

______

(1) La spatule dont parle ici le citoyen *Lacuée*, est nécessaire, selon *Commerel*, pour éloigner du haut de la racine la terre fraîchement remuée, de manière que chaque Betterave soit déchaussée d'un pouce et demi à deux pouces, de 40 à 54 millimètres, et paroisse plantée dans un petit bassin de neuf à dix pouces 243 à 270 mmt. de diamètre. Il fait de ce travail une obligation indispensable.

H

du blé : on semera sans autre préparation que celle qu'a exigé la culture de la Betterave champêtre. A égale bonté de terrain, le blé viendra plus beau sur un champ qui vient de rapporter une récolte de Betterave champêtre, que sur celui qui a rapporté du Maïs. Je l'ai éprouvé, et la raison physique est ici d'accord avec l'expérience, parce que la racine de la Betterave champêtre s'enfonce profondément dans la terre, et va chercher sa nourriture plus bas que le froment, pour lequel elle laisse intacte la surface du terrain, et plusieurs pouces au-dessous de la surface. Le Maïs au contraire pousse ses racines horizontalement, et dévore toute la substance de la terre qui avoisine la surface ; il n'est donc pas étonnant que le froment trouve ensuite la terre plus appauvrie. Ces raisons, jointes à l'expérience, doivent donc nous engager à préférer la culture de la Betterave à celle du Maïs.

J'ai éprouvé que la beauté de la Betterave champêtre dépend beaucoup du choix de celles qu'on garde pour graine. J'ai cru m'appercevoir que la graine cueillie sur les plus belles, produisoit des plantes plus vigoureuses. Je crois donc qu'il faut conserver pour graine les plus grosses et les plus longues , sur-tout celles dont la feuille n'a point changé de couleur et a conservé la direction verticale aux approches de l'hiver........ Je crois encore qu'il est à propos de ne pas les arracher, il faut leur laisser passer l'hiver dans la terre où elles ont pris naissance ; on doit seulement avant les premières gelées , quand la terre est sèche , si faire se peut , faire couvrir exactement de terre toute la racine , ne laisser que les plus petites feuilles qui sont autour de l'œil , et à l'approche des fortes gelées les couvrir avec du fumier. J'en ai usé de cette manière jusqu'à présent. Je me suis apperçu que les racines grossissent dans la terre pendant l'hiver, poussent des tiges beaucoup plus vigoureuses, portent de la graine plus belle, mieux conditionnée et en plus grande abondance que celles que j'avois arrachées au commencement de l'hiver et replantées au printemps. J'ai vu plusieurs de ces racines se conserver saines après avoir porté une abondante récolte de graine ; je les ai fait donner aux bestiaux, qui les ont mangées de bien bonne grâce. J'en ai laissé en terre quelques-unes , elles y ont passé un second hiver et ont encore porté un peu de feuilles le printemps suivant ; mais elles sont mortes au mois de juin : je m'explique ; semées en avril 1786, elles rapportèrent plusieurs récoltes en feuilles ; en 1787, elles portèrent une récolte de graines ; enfin en 1788, elles repoussèrent en mars, portèrent très-peu de feuilles et se séchèrent. Ce seroit, je crois, une découverte fort heureuse, si on pouvoit, sans user des précautions indiquées ci-dessus, qui ne laissent pas d'être coûteuses, conserver en terre la Betterave pendant l'hiver ; on jouiroit de la feuille pendant presque toute l'année. Dans ce pays ci la Betterave et la Poirée se conservent en terre pendant l'hiver sans précaution ; pourquoi n'en seroit-il pas de même de la Betterave champêtre, qui paroît être de la même famille ? Un de mes voisins m'a assuré qu'il avoit conservé quelques Betteraves champêtres dans son jardin, et qu'elles avoient donné de la feuille presque tout l'hiver. Cette expérience, jointe à celle que j'ai rapportée ci-dessus, doit encourager à tenter de nouvelles épreuves. J'en ai fait quelques-autres qui paroissent bien relatives à l'objet que nous devons proposer.

En 1787, je fis semer une partie de ma graine de Betterave champêtre à la fin de

janvier, elle leva en mars, j'eus des feuilles en avril, et la récolte en fut très-abondante en mai et juin; mais ces plantes com-
mencèrent alors à pousser des tiges qui an-
nonçoient qu'elles alloient porter de la graine.
Pour ne rien perdre, je les laissai monter à
la hauteur d'un pied, alors je les fis couper
le plus près possible de la racine et les fis
donner aux bestiaux, qui les mangèrent comme
ils mangent la feuille. Il en poussa de nouvelles, elles furent coupées de même. J'usai
de ce régime jusqu'à cinq à six fois; mes
plantes se rebutèrent de porter de la graine
et donnèrent de la feuille, un peu moins que
dans la première saison, mais assez abondam-
ment pour que je crusse devoir les laisser
encore en terre. Elles y restèrent jusqu'à la
fin d'octobre, je les arrachai alors; la racine
en étoit aussi belle que celle des autres, mais
un peu dure et ligneuse; ce qui n'empêcha
pas les bestiaux de la manger. Je n'ai donc
rien perdu des racines, j'ai eu beaucoup plus
de feuilles, et j'en ai eu deux mois plûtot
qu'on n'en a en semant dans la saison ordinaire. Dans le mois d'octobre 1787, je m'ap-
perçus que le vent avoit fait tomber quantité de graines de Betterave champêtre au

pied de celles que j'avois conservées pour graine, et qu'il en étoit levé environ trois cents. Je les ai laissées en pépinière pendant tout l'hiver sans aucune précaution, elles se sont parfaitement bien conservées. Au commencement de février, je les ai fait transplanter, elles ont donné des feuilles à la fin de mars; je suis persuadé que si, au lieu de les transplanter, je les eusse fait seulement sarcler et éclaircir, j'en aurois eu beaucoup plutôt, peut-être même avant la fin de février; ainsi je crois qu'en semant de la Betterave champêtre dans le mois de septembre, ayant soin de l'éclaircir et de la sarcler à propos, la laissant en place, on en aura tout au moins au commencement de mars, non point à la vérité pour ne pas être obligé de la ménager, car je ne conseillerois pas de hasarder beaucoup de graine à cette époque, mais on en aura assez pour en mettre un peu avec de la paille et le foin des bestiaux, et leur faire manger avec plus d'appétit le fourrage sec mêlé avec du fourrage vert. Peu de temps après on jouira aussi de celle semée en janvier, ensorte que dès la fin d'avril on commencera à être un peu à son aise, en attendant la grande abondance qui viendra au commencement de juin, temps auquel on jouira de celles semées en mars, pourvu qu'on ne les ait pas transplantées. Ainsi donc, en semant une portion de la graine en septembre, une autre en janvier, et une autre en mars, on aura des feuilles en abondance pendant cinq mois, et médiocrement pendant les autres trois mois. Pour en avoir en novembre, décembre, janvier et février, on pourroit essayer d'en semer en août, choisir pour cela un terrain à l'abri des vents froids, ne pas les faire déchausser avec la spatule de bois, et les laisser en terre pendant tout l'hiver. N'ayant rapporté que très-peu de feuilles en octobre, elles seront moins épuisées que celles semées en mars, pousseront plus vigoureusement et résisteront mieux au froid.

Peut-être d'après les expériences de mon voisin et les miennes, auront-nous assez de feuilles pour pouvoir ménager un peu les racines et en nourrir un plus grand nombre de bestiaux. Je pourrois donner l'année prochaine un éclaircissement à cet égard, car j'ai actuellement six mille Betteraves champêtres destinées à passer l'hiver en terre, et je ferois part de ce que j'aurois observé ; au reste, j'ai éprouvé qu'on peut, en tout temps et en

toute saison, transplanter la Betterave champêtre, quelle que soit la grosseur de sa racine ; la plus grande partie de celles que j'ai
transplantées a toujours pris racine même
pendant les plus fortes chaleurs. Dans un temps
pluvieux, j'ai vu prendre racine même à celles
que j'avois laissées sur le champ couchées sur
le côté. J'ai observé pourtant que lorsque la
plante est de la grosseur du petit doigt, elle
prend racine plus aisément et repousse plutôt que quand elle est plus petite. Dans les
grandes chaleurs, je crois qu'il est à propos, en transplantant, de laisser toutes les
feuilles, elles mettent l'œil de la plante à l'abri
des ardeurs du soleil ; mais toutes les observations à cet égard deviennent inutiles. Je
regarde comme inutile et presque nuisible
de transplanter. Telles sont les observations
que j'ai faites pendant trois ans ; je souhaite
quelles puissent être utiles aux cultivateurs.
Si je fais quelqu'autre découverte, je me
ferai un devoir de la communiquer. »

Je n'entends point déprimer aux yeux des
agriculteurs le mérite réél de la Betterave
champêtre et me fais au contraire un devoir
de reconnoître, avec le citoyen *Lacuée*, les

nombreux avantages que peut offrir cette plante dans une infinité d'occasions. Je ne prétends donc point contester ici les résultats de l'expérience ; cependant, je ne puis passer sous un silence absolu, toutes les raisons qui semblent s'opposer à ce que la Betterave devienne jamais une grande ressource pour l'économie rurale dans ce département. Sa culture, pour être productive, réclame évidemment une bonne terre, des engrais, des procédés multipliés et minutieux, une attention plus active, plus soutenue peut-être qu'on ne doit l'espérer des habitans de nos campagnes ; le travail qu'elle exige se trouve concourir avec le travail plus indispensable des moissons ; enfin, les fortes, les longues sécheresses, presque périodiques, de nos étés, paroissent devoir nuire à la Betterave ou diminuer beaucoup ses produits. J'avoue que ces considérations peuvent être nulles pour certaines localités, et dans beaucoup de circonstances; mais il est possible aussi qu'elles méritent quelquefois l'attention des agriculteurs. Je crois donc digne de leur sagesse, de leur prudence, d'employer à l'égard de la Betterave, toutes les précautions qui doivent précéder l'établissement d'une nouvelle culture, et de ne point négliger les essais qui peuvent les éclairer d'avance sur le succès ou l'inutilité de leurs travaux.

LE NAVET.

BRASSICA NAPUS. Var. B. Lin. sp. pl. 931.

CHOU NAVET. *Lam. fl. fr.* 515.

On doit également rapporter tout ce qui sera dit dans cet article à la grosse rave (1), à la rabioule, au turneps ordinaire, au turneps jaune, au rouge d'Écosse, au Navet en pain de sucre, au gros Navet de Berlin, à celui de Suède, et à toutes les autres variétés ou sous-variétés de la même plante, obtenues par la culture, propagées par elle, et souvent identiques, quoique désignées sous des noms différens.

---

(1) On rapporte, d'après *Linné*, la grosse rave ou rabioule au *brassica rapa* de cet auteur; mais la plûpart des botanistes français la regardent comme une variété du Chou-Navet, et une sous-variété de leur chou à feuilles rudes, *brassica asperifolia.* On voit que, selon les uns ou les autres, la grosse rave n'en vient pas moins de la même souche.

Culture. La grosse rave, ou rabioule, ou turneps, se cultive particulièrement dans le département de la Dordogne, ainsi que dans le ci-devant Limousin ; c'est la variété dont on pourra plus facilement se procurer des semences et celle qui paroît plus communément préférée par les agriculteurs.

On estime aussi beaucoup le turneps jaune ou rouge d'Écosse ; mais la semence, pour être bonne, doit venir du pays dont il est originaire.

Le Navet en pain de sucre est commun dans le département du Finistère, où l'on doit se procurer sa semence.

Le gros Navet de Berlin résiste bien au froid, celui de Suède y résiste mieux encore. On peut tirer leurs semences de Paris.

En général toutes les terres propres au seigle, et au froment, conviennent à ces plantes ; cependant les fonds légers, sablonneux, ou médiocrement argileux, sont les meilleurs, s'ils sont un peu humides.

On sème les Navets ou dans une terre préparée, à cet effet, depuis plusieurs mois, ou sur les terres qui ont produit des céréales, et aussitôt après la moisson. Dans le premier cas, les terres doivent avoir reçu plusieurs labours, être bien ameublies et fumées à l'avance ; dans le second , on se hâte de les travailler une ou deux fois si elles sont compactes et tenaces avant de semer. On se contente même , dans certains pays , de jeter la graine sur le chaume , de herser et de passer le rouleau. Cette pratique expéditive peut suffire et réussir dans les terres légères.

Règle générale pour les Navets : Plus les terres auront reçu des engrais , plus ils feront des progrès rapides ; et les engrais seront d'autant plus profitables , qu'ils seront moins décomposés.

La graine sera semée à la volée , en la mêlant avec de la cendre ou du sable, pour la répandre d'une manière plus uniforme. Il sera bon , avant de semer, de la faire tremper pendant quelques heures dans l'eau. Certains auteurs conseillent celle du fumier , d'autres le lait tiède ; mais l'eau pure , tenue au soleil , vaut tout autant, si même elle n'est préférable. Cette graine doit être recouverte le plutôt possible quand elle a été semée. On choisira un temps couvert et calme pour la confier à la terre ; s'il pleut bientôt après , elle ne tardera point à germer.

Dans les terrains préparés pour les Navets,

on pourra semer, dès les mois floréal, ou même plutôt. On évite ordinairement à cette époque le ravage du tiquet, ou puce de terre (1), ennemi mortel de la plûpart des jeunes crucifères de nos jardins (2); mais on doit craindre de voir les Navets végéter avec trop de promptitude, produire beaucoup de feuilles et monter en graine, ce qui énerve totalement la racine, si l'on n'y met ordre en coupant la tige pour l'empêcher de fleurir. Dans les terrains qui viennent de produire des céréales, et qu'on sème par conséquent plus tard, on évite, il est vrai, cette fougue de végétation, dont l'effet prématuré prive quelquefois l'économie rurale d'une de ses plus utiles ressources. Mais le tiquet est là, il attend ces semis retardés, il s'y introduit, s'y multiplie ordinairement avec une rapidité incroyable, et les ravage souvent en peu de jours. La cendre, la suie, sont employées quelquefois avec succès contre ces insectes destructeurs; mais ne sont point, à beaucoup près, des recettes immanquables. Pour prévenir le dommage presque

---

(1) *Chrysomela saltatoria.* Linn. syst. nat. gén. 199.
(2) Les choux, les chouxfleurs, les raiforts, ect.

toujours irréparable qu'ils peuvent causer, on recommande sur-tout d'employer dans les semis des graines qui germent à différentes époques. On y parviendra sans peine en mêlant les graines d'un an avec ces celles de deux ans, et sur-tout si une portion de graines a trempé, et que l'autre n'ait point subi cette préparation. Comme une partie de ces graines est destinée à être dévorée par les insectes, pour préserver l'autre, on sent qu'elles doivent alors être répandues en plus grande quantité.

Lorsque les Navets auront acquis une certaine force, que leurs feuilles séminales auront tout-à-fait disparu, on devra les sarcler, les arracher dans les endroits où ils seront trop rapprochés, et les tenir entre eux au moins à la distance de

5 à 6 pouces

$1^{\text{d.mt.}} 35^{\text{m.mt.}}$ à $1^{\text{d.mt.}} 62^{\text{m.mt.}}$ Un mois après environ, cette opération devra être répétée, et l'éloignement des Navets sera porté jusqu'à

un pied

$3^{\text{d.mt.}} 24^{\text{m.mt.}}$ ou davantage, si la grosseur qu'ils doivent acquérir le fait juger nécessaire.

Si nous connoissions l'usage de la charrue

à sarcler dont se servent les Anglais, il seroit plus avantageux de semer les Navets en rayons alignés, parce que cette charrue faciliteroit infiniment les sarclages et les binages, dont je viens de parler, et qui sont indispensables.

On ne conseille point de semer dans le mois thermidor, à cause des premières gelées qui commencent quelquefois en vendémiaire ; elles pourroient nuire aux Navets encore tendres, et mettre trop tôt des bornes à leur végétation.

On sème quelquefois le Navet fort épais dès l'entrée du printemps, on fauche ensuite les feuilles et les tiges aussi souvent que leurs progrès peuvent le permettre. On empêche ainsi cette plante de fleurir, et après avoir long-temps profité de son fourrage, on laboure la terre que ses débris engraissent et préparent pour de nouvelles moissons.

De quelle manière, et dans quelle vue qu'on cultive les Navets, il ne faut jamais les laisser monter en graine, leurs racines ne grossiroient point : il est donc nécessaire de couper sans cesse les feuilles et les tiges lorsqu'elles tendent à s'élever.

Pour se procurer la graine, on doit, au

printemps, planter à part, et loin des autres végétaux de la même famille, quelques-uns des plus beaux Navets recueillis et conservés pendant l'hiver : ils fourniront beaucoup de semences.

Récolte. Le produit des deux sarclages donnés aux Navets, pendant les deux premiers mois, sont déjà des récoltes. Le premier utilise les herbes étrangères venues parmi les Navets, et les Navets eux-mêmes, qu'on aura jugé devoir arracher; le second, qui s'exécute lorsque la racine est parvenue à une certaine grosseur, est plus lucratif: l'un et l'autre bien lavés, bien nettoyés, et donnés aux bestiaux, leur tiennent lieu de fourrage.

Lorsque la végétation ne fait plus de progrès, et que l'hiver s'annonce, on coupe les feuilles du Navet un peu au-dessus du collet de la racine, et on les donne au bétail avec de la paille ou quelque espèce de fourrage. On recueille ensuite les Navets, ou mieux encore on attend, à cet effet, les fortes gelées; car dans la plûpart de nos hivers on pourroit les laisser en place, et ne les arracher que quand on voudroit en faire usage. Lorsque les grands froids détermineront à l'enlévement total des Navets, on les transportera

tera dans une serre, où ils seront enterrés ou conservés avec du sable. On pourra aussi pratiquer une fosse dans les champs même où ils auront été cultivés ; on les placera au fond de cette fosse en lits alternatifs avec de la paille , et on emploîra pour les couvrir les précautions convenables.

Il faut que le temps soit sec quand on arrachera les Navets.

Usages. Le Navet est une des plus excellentes nourritures qu'on puisse donner en hiver aux bestiaux , et celle peut-être qui les engraisse le plus promptement. Les animaux qui ne sont point accoutumés aux Navets, les refusent presque toujours ; afin de les habituer à cet aliment, on le leur présente d'abord à demi cuit à l'eau, mêlé avec un peu de son , et assaisonné de quelques grains de sel. Les premières rations doivent être très-modiques , et augmentées par degrés. Lorsque les bestiaux sont faits à cette nourriture , on la répète quatre fois le jour ; le matin , à midi , à 5 heures et à 9 heures du soir ; on ajoute un peu de foin , sur-tout le matin , pour les exciter à boire. Mais avant de faire manger

I

les Navets, il est essentiel de diviser celles de ces racines qui seroient trop volumineuses; les morceaux ne doivent être cependant ni trop gros ni trop petits: trop gros, ils pourroient s'arrêter dans le gosier de l'animal et l'étouffer, s'il n'étoit promptement secouru; trop petits, ils risqueroient d'être avalés sans être mâchés, et la digestion seroit imparfaite. Les excès que les bestiaux font de cette plante, ne sont point sans inconvénient. Lorsqu'ils ont trop mangé, soit de ses racines ou de ses feuilles, ils éprouvent quelquefois des météorisations douloureuses, qu'on guérit ordinairement en les conduisant à l'abreuvoir, en les obligeant à faire de l'exercice, et par des frictions, lorsqu'ils sont revenus à la grange. Si ces procédés ne suffisent pas, il faut se hâter de réclamer le secours de l'art vétérinaire. Le goût des bœufs pour le Navet est quelquefois tel qu'on a vu de ces animaux manger, par jour, jusqu'à $\begin{smallmatrix}\text{200 livres}\\ 97^{\text{gr.}}\ 839^{\text{gr.t.}}\end{smallmatrix}$ pesant de ces racines. Elles augmentent le lait des vaches. Enfin, les Navets, au lieu d'éfriter la terre, la disposent au contraire à la culture des graminées, et peuvent occuper utilement les jachères en entrant dans *les cours des moissons*. Lorsqu'on les laboure au moment où ils vont monter en graine, ils procurent à la terre un des meilleurs engrais qu'on puisse lui donner.

Racines traçantes.

LA POMME DE TERRE.

SOLANUM TUBEROSUM. Lin. sp. pl. 265.

Morelle tubereuse. *Lam. fl. fr. 291.*

Si le bon *Olivier de Serres* donna jadis à la luzerne le nom de *merveille du ménage*, c'est qu'il ne connoissoit point la Pomme de terre, qui mérite, à bien plus juste titre, cette dénomination. Nulle plante, en effet, n'est plus utile dans l'économie domestique et rurale, nulle ne semble mieux appropriée à nos besoins; par-tout où ils peuvent exister dans le ménage, elle semble se présenter pour les satisfaire, ou pour les prévenir; et dans les crises de la nécessité, elle est toujours la plus assurée de nos ressouces. Tant d'usages divers doivent l'avoir si puissamment recommandée aux agriculteurs, qu'il semble inutile désormais, de les entretenir de sa culture et de ses propriétés ; cependant il est quelques points de détail sur lesquels, attendu leur importance, on me permettra de revenir succinctement, et qui, quoique peut-être surperflus, ne paroîtront point déplacés dans un ouvrage élémentaire.

On donne ordinairement la Pomme de terre crûe et coupée en morceaux, aux chevaux qu'elle tient en bon état, aux bœufs qu'elle engraisse, aux vâches dont elle augmente le lait ; si ces animaux la refusent avant d'y être accoutumés, on fait bouillir les tubercules avec de l'eau, du son, et un peu de sel, ou simplement avec de l'eau et du sel ; ils les consommeront alors, non-seulement sans répugnance, mais avec avidité, s'y accoutumeront et ne les rejeteront plus dans la suite.

Lorsque la Pomme de terre sera crûe, il ne faut la présenter aux bestiaux que bien lavée ; et, quand elle sera cuite, avoir soin de la laisser totalement refroidir.

Il est aussi indispensable de ne point leur donner cette nourriture à discrétion, parce que son abus pourroit avoir des suites funestes. On règlera la ration sur l'âge, la taille, le sexe, et la constitution de l'animal ; la plus forte, selon le grand dictionnaire ou le cours complet d'agriculture, ne devra point excéder le poids de $\frac{18 \text{ livres,}}{7^{gv.}\ 826^{gvt.},}$ matin et soir.

Les tiges de cette plante, chargées de leur feuilles, fournissent un fourrage qu'on peut faire faner et conserver pour l'hiver.

Lors qu'on s'apperçoit que les Pommes de terre commencent à perdre de leur qualité, il faut se hâter de les rappeler à leur intégrité primitive, par la voie des semences. Il n'est que les arbres ou certains végétaux doués d'une grande vitalité qui ne paroissent point dégénérer en se multipliant par boutures. Les végétaux moins vivaces s'affoiblissent sensiblement par cette reproduction, lorsque, trop long-temps continuée, elle excède leurs facultés. On conçoit, en effet, que la propagation par boutures, ou même par marcottes, n'est point une véritable multiplication ; mais plutôt la prolongation forcée de l'existence individuelle.

Quoiqu'il n'entre point dans mon objet de considérer, sous le rapport de l'économie domestique, les plantes propres à la nourriture

des bestiaux, je ne puis cependant m'abste-
nir de consigner ici, relativement à la Pomme
de terre, un résultat qu'il peut être utile de
publier, et qui m'a été communiqué par l'un
des cultivateurs les plus éclairés du district
de Villeneuve. Ce citoyen, bien connu, et
qu'il me suffiroit de nommer pour fixer, à
cet égard, la confiance de ses compatriotes,
a fait des essais multipliés dans la vue de
reconnoître la farine qu'il seroit plus avantageux de combiner avec la Pomme de terre,
pour la convertir en pain. D'après toutes les
expériences qu'il a tentées à ce sujet, il s'est
assuré qu'aucune farine, et en aussi petite
quantité, ne produit, avec la Pomme de
terre, un meilleur pain, un pain plus savoureux, plus salubre, que celle du maïs. L'acreté
de cette farine, dit-il, se trouve neutralisée
par l'insipidité naturelle de la Pomme de terre,
tandis que la fadeur de cette dernière est cor-
rigée par le mélange du maïs. Si la pâte formée
de Pomme de terre et de farine de maïs a
bien levé, circonstance qui paroît exiger une ex-
plication particulière ; ce résultat doit nous indiquer l'emploi le plus avantageux qu'on puisse
faire de ces deux plantes dans le ménage. Je ne
puis m'empêcher d'observer, à cette occasion,

comme une particularité peut-être remarquable, que le maïs et la Pomme de terre, qui semblent si bien s'allier l'un à l'autre, sont originaires du même climat.

§. III.

PLANTES propres à former des prairies artificielles, ou qui peuvent servir à la nourriture des bestiaux, et qui se cultivent en fourrages annuels.

Graminées.

LE MAÏS.

LE MAÏS. Lin. sp. pl. 1378.

MAÏS CULTIVÉ. *Enc. méth.*

BLÉ D'ESPAGNE.

BLÉ DE TURQUIE.

GROS MILLET.

Toutes les plantes alimentaires de nos champs et de nos potagers peuvent être utilement employées pour les bestiaux, et leur offrent une excellente nourriture; mais parmi celles dont ils doivent attendre le meilleur fourrage, on compte et l'on distingue le Maïs. Cette plante, qui est, ainsi que la pomme de terre, l'un des présens les plus précieux que l'Amérique ait fait à l'Europe, commence à s'accréditer dans quelques départemens du Nord de la république. Elle est trop connue dans celui-ci pour qu'il soit nécessaire de la recommander. Le Maïs tire, à la vérité, toute la substance des couches supérieures du terrain, et par conséquent, ne les dispose point à la récolte des céréales, mais une culture raisonnée, ou seulement raisonnable et bien entendue, avant de revenir au froment, ne manque pas de faire succéder au Maïs les plantes pivotantes dont la végétation, laissant reposer la superficie de la terre, lui donne le temps de reprendre toute sa fertilité. Tant qu'on négligera ce principe, dans une semblable circonstance, et dans toutes celles qui lui sont analogues, tant qu'on sacrifiera la totalité des engrais aux *fourrages* pour les perpétuer sur les mêmes sols, en un mot, tant qu'on n'alternera point, on ne cessera de ramper, sans profit, sans avantages, sur les traces de la plus damnable routine, et l'agriculture ne fera nuls progrès.

Le meilleur aliment qu'on puisse offrir au bétail, est le grain du Maïs, mêlé avec les carottes, les navets, ou la pomme de terre. On cultive en Piémont une espèce ou variété de Maïs, dont on vante la précocité, et dont, sous ce rapport, il seroit avantageux de se procurer la semence.

LE SEIGLE.

SECALE CEREALE. Lin. sp. pl. 124.

SEIGLE COMMUN. *Lam. fl. fr.* 1189.

Si, depuis le milieu de l'été jusques vers la fin de l'automne, le maïs nourrit et soutient nos bestiaux, le Seigle, aux premiers jours du printemps, vient offrir à ces animaux, exténués par le régime de l'hiver, un aliment salubre et savoureux, qui semble tout-à-coup renouveler leur existence. Indépendamment de ses autres usages dans l'économie domestique, le Seigle est donc du petit nombre des plantes qui couvrent nos guèrets de fourrages verts, et qui sont encore utiles sous ce rapport, malgré tous les vices de notre agriculture. Je n'entrerai dans aucun détail sur cette plante, ils sont assez connus ; j'ajouterai seulement, qu'il existe une de ses variétés qu'on sème en prairial, qu'on fauche en vendémiaire et au printemps, pour la laisser ensuite fructifier comme à l'ordinaire. Je suis loin de compter sur de pareils résultats, je les crois même incompatibles avec la sécheresse presque habituelle de nos étés ; cependant on peut, à cet égard, consulter l'expérience : cette variété est connue sous le nom de Seigle de Saint-Jean, d'Allemagne, ou de Sibérie.

L'ORGE.

HORDEUM VULGARE. Lin. sp. pl. 125.

ORGE ORDINAIRE. *Lam. fl. fr.* 1188.

Que pourrois-je ajouter aux connoissances de nos agriculteurs sur l'Orge et ses usages en économie rurale ? Il en est ainsi de l'Avoine, qui peut lui être associée sous tous les rapports, et qui se contente néanmoins d'une terre moins substancielle.

Légumineuses.

LA VESCE.

VICIA SATIVA. Lin. sp. pl. 1037.

VESCE CULTIVÉE. *Lam. fl. fr.* 580.

JARROUSSE.

La Vesce et assez connue, elle n'épuise point le sol, fournit en verd aux bestiaux une nourriture tendre, facile à digérer, qui augmente leurs forces, et qu'ils préfèrent au meilleur foin. On recommande particulièrement la culture de la Vesce de Sibérie, qui est bisannuelle, s'élève à une grande hauteur, et végète pendant tout l'hiver. Il seroit bien avantageux de la transporter dans le département de Lot et Garonne.

LA GESSE.

LATYRUS SATIVUS. Lin. sp. pl. 1030.

GESSE CULTIVÉE. *Lam. fl. fr.* 581.

Cette plante est trop répandue pour que j'entre ici dans les détails qui peuvent être relatifs à sa culture ou à ses divers usages.

LE POIS CHICHE.

CICER ARIETINUM. Lin. sp.
pl. 1040.

Pois chiche. *Lam. fl. fr.* 620.

Cette plante n'épuise presque point le sol qui la nourrit, et lui rend même plus qu'elle n'en a retiré, si on l'enfouit avant sa fructification. Elle passe pour un fourrage à la fois rafraîchissant et nourrissant. Les moutons en sont sur tout très-avides.

LA FÈVE.

VICIA FABA. Lin. sp. pl. 1039.

On peut cultiver cette plante comme fourrage, et comme engrais. Une de ses variétés, nommée *feverolle* ou *fève de cheval*, est ordinairement préférée pour le premier objet. Quant au second, on emploie plus volontiers la grande espèce : on l'enterre avec la charrue lorsqu'elle est en fleur. Cette manière d'engraisser les terres est excellente, et mériteroit d'être plus répandue dans le département.

LA LENTILLE.

ERVUM LENS. Lin. sp. pl. 1039.

ERS LENTILIER. Lam. fl. fr. 579.

La Lentille produit, dit-on, un excellent fourrage vert, et s'accommode des terres graveleuses, sablonneuses, et marneuses, pourvu qu'elles ayent été fumées. On assure que cette plante engraisse promptement les bœufs, qu'elle donne beaucoup de lait aux vâches, et que ces animaux la recherchent avec avidité. Elle peut être cultivée sous ces différens rapports, dans quelques départemens; mais il est à présumer que dans celui-ci, on ne sera jamais forcé de sacrifier aux bestiaux, le plus délicat de tous les légumes.

On peut, dans les bonnes terres, faire labourer le chaume après la récolte, et semer à la fois toutes les plantes dont je viens de faire mention; c'est-à-dire, le seigle, l'orge, l'avoine, la vesce, etc. Ces plantes ainsi plus ou moins mêlangées, donneront, avant l'hiver, une coupe de fourrage et une autre au printemps.

LE LUPIN.

LUPINUS ALBUS. Lin. sp. pl. 1015.

LUPIN BLANC. *Enc. méth.* n.° 2.

Si j'ai placé le Lupin à la suite des plantes propres aux prairies artificielles, ce n'est pas que ses feuilles, ou ses racines, ou ses tiges, puissent servir à la nourriture des bestiaux: mais ils s'engraissent de ses semences; et de tous les végétaux connus il n'en est point qui prépare mieux le sol à de nouvelles récoltes. Il remplit donc complètement le double but des prairies artificielles; et je ne pouvois, sans reproche, l'oublier dans ce traité.

Le Lupin, très-cultivé par les anciens, ne l'est point, à beaucoup près, assez par les modernes. Nulle plante, je viens de l'observer, n'enrichit autant le terrain sur lequel elle végète. Il semble, pour ainsi-dire, que la nature l'emploie comme un moyen intermédiaire, comme un canal de communication, pour transmettre au sol le plus ingrat tout le bénéfice des météores. Un autre avantage du Lupin, également précieux pour l'agriculture, c'est la propriété qu'il a de détruire les herbes étrangères. La promptitude de son accroissement lui fait dévancer tous les autres végétaux ; la grandeur et le nombre de ses feuilles étouffent toute autre production. Il règne seul ; et par tout où il croît, il jouit d'une existence exclusive.

Cultivateurs actifs et laborieux, dont l'utile industrie s'exerce péniblement sur des terres médiocres, ne négligez pas le Lupin. Dans les sols graveleux, sablonneux, dans les sols maigres et rebelles, qui ne produisent tous les deux ou trois ans qu'une chétive récolte, cette plante, annuellement enfouie lors de sa floraison, sera bientôt pour vous le gage assuré d'une suite de moissons plus abondantes. Quel autre engrais pourroit être comparable à celui que vous offre le Lupin? Au lieu de favoriser la multiplication des plantes parasites, il les détruit ; il se trouve, sans peines, sans frais, transporté, répandu sur le terrain ; il n'a ni l'odeur souvent malsaine ni l'aspect toujours rebutant de la plûpart des autres engrais; il n'est pas même acheté par le plus léger inconvénient : c'est un vrai présent de la nature. Quel avantage ne peut-on pas retirer du Lupin pour l'emploi des jachères ? Dans les bons terrains, pour maintenir leur production; dans les mauvais, pour les rendre fertiles.

On sème cette plante avant l'hiver, ou au commencement du printemps; et lorsqu'elle est en pleine fleur, on la renverse avec la charrue. Les terrains argileux, compactes et tenaces, ne lui conviennent point.

Les hommes se nourrisoient jadis avec la graine de Lupin, et la rendoient comestible par le moyen de quelque lessive alkaline; elle est aujourd'hui reservée pour les bestiaux. A cet effet, on se borne quelquefois à la réduire en farine, dont on leur donne matin et soir une ration réglée. Cet aliment leur convient et leur est salutaire. On fait aussi infuser successivement les graines dans plusieurs eaux. Sechées au four, et puis moulues, la farine en est moins échauffante. Cette dernière méthode me paroît préférable pour l'engrais. La première vaut mieux sans doute lorsqu'on a besoin de maintenir le ressort de la fibre musculaire, et de remonter l'estomac débilité des animaux; ils trouveront alors, dans la substance de l'aliment, la vertu du remède.

Les moutons dévorent la feuille du Lupin,
sur-tout

sur-tout lorsqu'elle est encore tendre; ses tiges peuvent servir de litière pour les bœufs.

Auxiliaires.

LE SARRAZIN.

POLYGONUM FAGOPYRUM. Lin.
sp. pl. 522.

RENOUÉE SARRAZINE. *Lam. fl.
fr.* 838.

LE BLÉ SARRAZIN.

LE BLÉ NOIR.

Il est des départemens moins favorisés par
la nature que celui de Lot et Garonne, où
l'on cultive le Sarrazin pour ses propriétés
alimentaires. S'il paroît éloigné, sous le même
rapport, de s'établir dans nos campagnes, il
peut cependant y paroître avec avantage au
rang des plantes utiles pour la nourriture
des bestiaux.

Cette plante, comme par analogie avec le
peuple dont elle porte le nom, et qui la
répandit en Europe, semble braver, ainsi que

K

lui, sans danger, toute l'ardeur du soleil caniculaire. Non-seulement la plus longue sécheresse ne suspend point sa végétation ; mais elle est alors à tel point active et soutenue, au moins dans les bonnes terres, qu'elle paroît nuire à sa fécondité. J'ai, en effet, observé que, parvenu à l'époque de sa fructification, le Sarrazin ne cessoit de fleurir et de mûrir ses semences, qu'il les répandoit à mesure que de nouvelles fleurs venoient à s'épanouir, et qu'il n'étoit pas possible, pendant cette floraison, cette fructification, cette dissémination continuelle, de trouver l'instant de la moisson. Mais si ce luxe de végétation rend presque nul dans nos plaines le produit en grain du blé noir, il n'en est pas moins très-favorable à la culture que nous avons ici pour objet, parce que la tige acquiert plus de hauteur, et doit être plus succulente. Le Sarrazin réussit dans les terres les plus médiocres. On le sème depuis floréal jusqu'en messidor. Il peut même être cultivé avec avantage sur les terres qui ont rapporté d'autres grains. Immédiatement après la moisson on donne un bon labour, on sème à plat et l'on recouvre la semence.

Les bestiaux aiment le Sarrazin en vert

et en sec. Pour le conserver, on le fane à l'instar des autres fourrages. Sa graine sert dans quelques pays pour engraisser les bœufs; afin de l'approprier à cet usage, on la broie sous une meule, et on la mêle avec l'orge ou l'avoine.

Enfoui par la charrue, au moment de sa floraison, il forme un bon engrais.

Le Sarrazin de Tartarie est sur-tout recommandé à cause de sa précocité et de sa grande fécondité : c'est celui qu'il faudroit cultiver de préférence.

LA SPERGULE.

SPERGULA ARVENSIS. Lin. sp. pl. 630.

SPARGOUTE DES CHAMPS. *Lam. fl. fr.* 691.

La Spargule a été trop célébrée par plusieurs agronomes, pour que je puisse l'oublier dans ce traité. Comme il est d'ailleurs possible qu'on trouve un jour quelque avantage à la cultiver dans ce département, je dois faire connoître succinctement et sa culture et ses usages.

Cette plante vient naturellement dans toutes sortes de terres, mais elle affectionne celles qui sont légères et sablonneuses, et ne doit être cultivée que dans ces dernières, lorsqu'elles sont humides, sans être cependant aquatiques. La Spergule croît aussi très-bien dans les endroits ombragés, ce qui peut offrir l'occasion de mettre en valeur des portions des terrains, où nulle autre plante ne pourroit se cultiver avec autant d'avantage.

On sème la Spergule au printemps, quand on veut profiter de son fourrage à l'entrée de l'été. Comme elle reste très-peu de temps sur le sol, on peut aussi la semer en messidor, immédiatement après la récolte, et sur les guérets même qui viennent d'être moissonnés; un seul labour, et le nivellement du terrain, suffisent à cet égard. Elle ne demande aucun soin après avoir été semée.

Sa graine est très-menue et doit être mêlée avec du sable, pour être répandue plus également. Il faut avoir attention qu'elle ne soit pas semée avec trop d'économie. Le produit du champ seroit médiocre, et peut-être presque nul.

Les premières gelées de l'automne la font

périr. Cette plante, dans un bon terrain ,
peut donner deux récoltes, mais il est prudent de ne pas compter sur ce produit, qui
paroît assez rare.

On la fauche au temps de la floraison, comme
les autres fourrages. Donnée en vert aux
bestiaux, elle les nourrit et les engraisse ;
c'est sur-tout, dit-on, pour la quantité et
la qualité du lait qu'elle fournit aux vâches,
qu'on la cultive en Flandre et en Hollande,
où l'on fait un' commerce étendu d'une espèce de beurre, connu sous le nom de *Beurre
de Spergule*, et qui jouit d'une grande réputation.

On trouve dans le tome VI, de la Cul-
ture des terres, de *Duhamel*, planche 1.re,
fig. 8, la Spergule assez bien représentée.

CONCLUSION.

Le premier but de l'agriculture étant d'utiliser toutes les terres, toutes les expositions,
et de pourvoir à tous les besoins, à tous les
usages de l'économie rurale, j'ai dû parcourir ces divers objets dans tout ce qui est relatif à la culture et à l'emploi des prairies
artificielles. J'ai présenté à l'agriculteur des

plantes analogues à chaque espèce de terrain, et dont les feuilles, les tiges, ou les racines, s'employant dans chaque saison, remplissent exactement le cercle laborieux de l'année. Sans doute j'aurois pu entrer dans quelques détails plus étendus sur certains végétaux encore peu cultivés; mais les bornes de ce traité ne me permettoient pas des discussions approfondies. D'ailleurs, j'aime à croire en avoir assez dit pour celui qui veut s'instruire; et bien certainement j'en ai trop dit pour celui qui, croupissant dans l'insouciance, n'est pas même sensible à l'aiguillon de l'intérêt, et méconnoît ou méprise les lumières. Quoi qu'il en soit, j'ai cherché à m'acquitter, le mieux qu'il m'a été possible, d'un travail dont l'utilité publique étoit à la fois et l'objet et le prix; mais je sens combien je dois attendre, à cet égard, du concours des cultivateurs zélés, des citoyens instruits, de tous ceux enfin, qui, rendant justice à mes intentions, peuvent désirer qu'elles ne soient point totalement stériles. Vous, qui réunissez aux connoissances agricoles un véritable patriotisme, Citoyens, qui voyez dans l'amélioration de l'agriculture la prospérité de l'état, je réclame votre secours; je vous conjure de faire usage de tous vos moyens, pour éclairer et développer, aux yeux les moins exercés , tout ce qu'il y a d'obscur ou de défectueux dans mon ouvrage. Entretenez , dirigez l'impulsion que l'Administration a donnée pour régénérer , ou plutôt pour créer l'agriculture dans le département. Propagez l'instruction par vos discours ; faites sur-tout parler l'expérience. Il suffit, sans doute , pour éclairer quelques bons esprits , l'allumer le flambeau de la théorie ; mais il faut au plus grand nombre des succès dont ils puissent constater l'évidence ; et toujours le triomphe des principes est dans les heureux résultats. *Leçon commence , Exemple achève !*

F I N.